机械产品务实创新设计

Pragmatic and Innovative Design of Mechanical Products

戴民峰 著

化学工业出版社

·北京·

内容简介

本书聚焦机械产品外观设计，围绕"创新与务实"主题，从设计思维、专业性与系列化、企业文化融合、安全性设计及共性与差异化等维度，深入剖析机械产品设计的核心理念与实践方法，并通过大量案例分享创新与务实融合的思路。

本书适用于机械产品设计师、工业设计从业者、相关专业学生及企业管理者，助力企业打造更具市场竞争力的机械产品。

图书在版编目（CIP）数据

机械产品务实创新设计 / 戴民峰著. -- 北京：化学工业出版社，2025. 5. -- ISBN 978-7-122-47771-2

Ⅰ. TH122

中国国家版本馆CIP数据核字第2025L49R35号

责任编辑：陈　喆
文字编辑：吴开亮
责任校对：李雨函
装帧设计：孙　沁

出版发行：化学工业出版社
　　　　　（北京市东城区青年湖南街 13 号　邮政编码 100011）
印　　装：涿州市殷润文化传播有限公司
710mm×1000mm　1/16　印张 13　字数 221 千字
2025 年 5 月北京第 1 版第 1 次印刷

购书咨询：010-64518888　　　　　售后服务：010-64518899
网　　址：http://www.cip.com.cn

▍前言

在温州做设计的这些年，我常常感受到一个强烈的张力：产品要"创新"，但又必须"落地"。听起来谁都明白这个道理，可真到项目里，难处才慢慢浮出来。客户希望产品与众不同，但预算不变；企业想做视觉升级，但产线早就定型；设计师满脑子创意，但方案提上去常常被一句"这做不了"否掉。

五年前，我开始负责中国计量大学·平阳工业设计研究院的项目对接与团队建设。这不是一个可以躲在草图后面的角色。我们面对的，是一个个具体的企业、具体的设备、具体的老板，也包括他们手里那一本本真实账本。

五年时间，我们为 102 家企业提供了设计服务，覆盖 17 类机械设备，累计完成 200 多款产品外观方案。从最初的调研、方案出图，到工艺对接、生产落地，每个环节我们都参与在场。这个过程教会我很多。它让我意识到，机械产品设计并不是一项"美化"工作，而是一种在限制中寻找突破的实践。你得懂技术，懂客户，也得懂市场——还不能脱离成本，更不能忽略节奏。这个节奏，既包括设计周期，也包括企业的商业窗口期。

当然，也不是每一次尝试都顺利。我们也失败过、修改过、推翻过，有时候甚至是整个项目组反复沟通一周，最后把方向归零重来。但也正是这些反复打磨的过程，逐渐沉淀出了一些方法、一些判断力，以及一种面向现实的"设计感"。这本书，我写得不急，也不想写得"漂亮"。

它来自我参与过的项目，也来自团队不断积累的现场经验。我们并不追求"设计感爆棚"的产品，而是希望让更多方案——真的能走下图纸，跑上产线，走进市场。

本书的书名叫做《机械产品务实创新设计》，这十个字，每一个字都不是轻飘飘写出来的。"务实"不是保守，它意味着尊重现实边界；"创新"不是冒进，它意味着寻找切口突破；"设计"，对我们而言，意味着责任、节奏和判断。

我希望这本书，能成为一个"工具箱"也好，一个"同行者"也好，至少在你遇到卡壳、犹豫、难以决断的时候，它能提供一个视角、一点参考。无论你是设计师、工程师、产品经理，还是一个正在试图推动产品向前走的企业负责人，这里也许能找到你熟悉的场景，也许能让你对设计这件事，多一点确定感。

目录

第4章 安全性为核心的机械设计 / 117

第 5 章　设计中的共性与差异化 / 162

后记：设计的力量 / 197

参考文献 / 198

第 1 章
设计思维与机械产品创新实践

引言

在机械产品设计的世界里，设计思维如同一束明亮的灯光，照亮了从创意到现实的每一步。它不仅是一种解决问题的方法论，更是一种连接功能与情感、技术与艺术的系统化思维方式。面对机械产品复杂的设计环境，设计师仿佛行走在一条绵延不尽的高山之路上，需要穿越技术约束的陡坡、市场需求的急流以及成本控制的迷雾，最终找到那条通往创新与实用完美结合的路径。而这一切的关键，正是设计思维的力量。

本章将聚焦设计思维在机械产品外观设计中的核心作用。从功能实现到情感体验，从用户调研到快速原型的迭代优化，我们将探讨设计师如何借助设计思维突破传统设计的桎梏，为复杂项目找到科学、高效的解决之道。设计师不仅是一个"造型者"，更是连接创意与实际应用的桥梁，他们用设计思维将机械产品的冷峻线条转化为市场价值的有力表达。

通过分析真实案例，本章将带领读者深入了解设计思维是如何在应对机械产品复杂性与挑战中展现价值的。无论是在外观与功能中找到和谐之美，还是在团队协作中平衡创意与务实，本章都将提供深刻的洞察与实践经验。这不仅是对设计思维的一次深度剖析，也是一次发现设计潜能的旅程。希望这些内容能让读者深入理解设计思维的独特魅力，并为后续章节的探索打下坚实的基础。

1.1　设计思维在机械产品中的价值

1.1.1
设计思维五大阶段

设计思维是一种以用户为中心、以解决问题为目标的创造性思维方式。它的核心在于通过深入理解用户的真实需求，将复杂的问题分解为清晰的目标，再通过创新的方式提出可行的解决方案。

设计思维的过程如同一场探险，它引导设计者从用户的需求出发，穿越未知的领域，最终抵达创新的彼岸。这个过程通常被划分为五个阶段：同理心（empathize）、定义（define）、发散思维（ideate）、原型（prototype）和测试（test）。这五个阶段以迭代的循环形式帮助设计师从用户的角度出发创造出创新、实用的解决方案。

（1）同理心

同理心是设计思维的起点，要求设计师从用户的角度出发，感知和理解用户的真实需求与潜在痛点。通过用户访谈、现场观察、情境模拟等方式，设计师不仅可以挖掘出用户在功能需求上的显性问题，还能发现隐藏在用户行为和情感背后的深层次需求。

在机械产品设计中，同理心帮助设计师深入了解一线工人在操作设备时的实际困难，例如操作步骤的复杂性、环境对设备使用的影响等。通过建立同理心，设计师能够将设计的关注点从单纯的功能优化转向用户体验的整体提升，为后续设计奠定坚实的基础。

（2）定义

定义阶段将用户需求和痛点信息整理归纳，转化为明确的设计问题。这个阶段的关键在于精准聚焦，避免陷入问题过于宽泛或模糊的陷阱。通过提炼和分析，设计师将复杂的问题简化为具体的设计目标或任务陈述，为接下来的设计方向的确定提供清晰的指引。

在机械产品设计中，定义问题可能包括如何优化设备的模块化设计以降低维护难度，或如何提升操作界面的直观性以减少误操作风险。通过明确问题陈述，设计师可以更高效地开展头脑风暴，并确保最终的设计方案针对核心需求。

（3）发散思维

发散思维阶段，设计师通过头脑风暴、逆向思考、类比启发等方法，提出多种解决方案。这一过程强调数量优先，不限制创意的合理性或可行性，而是鼓励设计师充分发挥想象力，从多个角度探索问题的解决方式。

机械产品设计中的发散思维可能涉及外观造型的多样化尝试、功能集成的创新思路，或者新材料的引入。例如，为了解决传统机械设备操作复杂的问题，设计师可能提出引入人机交互界面或模块化自适应系统的概念。通过发散思维，设计团队可以打破传统设计的局限性，为项目注入更多可能性。

（4）原型

原型阶段将创意转化为可视化、可操作的模型，验证设计的可行性和效果。原型的形式可以多种多样，从简单的手绘草图、3D打印模型到功能完整的样机，设计师根据设计目标选择最适合的表现形式。

在机械产品设计中，原型不仅用于验证设备的功能性，还能测试其使用的便捷性和安全性。通过原型的快速迭代，设计师可以发现潜在问题并及时优化，为后续测试阶段打下良好基础。

（5）测试

测试阶段在真实或模拟场景中评估设计方案的表现，收集用户的反馈，优化设计。通过测试，设计师可以验证设计是否真正解决了定义阶段提出的问题，同时可以发现原型在操作、性能或用户体验上的不足。

机械产品设计中的测试通常结合设备的实际运行场景，评估其效率、易用性和安全性。设计师根据测试结果不断调整和完善设计，最终确保产品在功能性和用户体验上都达到最佳状态。

1.1.2
复杂结构与多变需求下的机械设计思维

机械产品的设计往往需要在高度复杂的结构中寻找平衡点。在这一背景下，设计思维的灵活性和用户导向特性显得尤为重要。设计师不仅需要应对机械产品独有的技术和结构限制，还需要深入挖掘用户需求，将人性化体验融入功能与外观设计中。

（1）满足操作与维修需求

　　机械设备的操作人员和维修人员是重要的用户群体，他们关注的不仅是设备的运行效率，还包括操作的便利性和维护的简便性。

　　① 高速纸杯机优化措施　设计团队通过"同理心"和"定义"阶段，深入了解并围绕用户需求，通过一系列优化措施，显著提升了高速纸杯机的操作便捷性和维修效率，如图 1-1 所示。

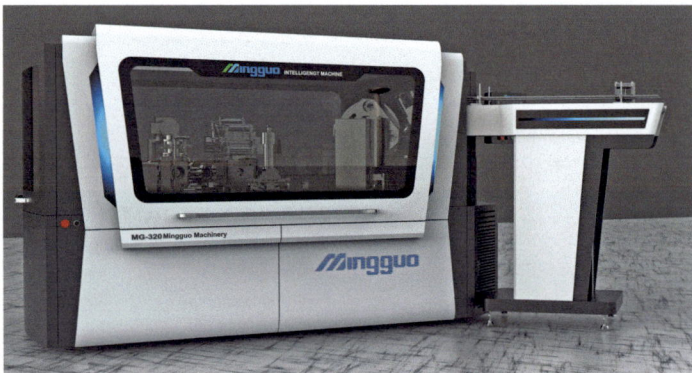

图 1-1　高速纸杯机设计效果

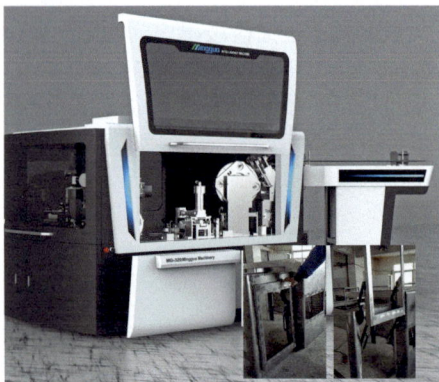

图 1-2　高速纸杯机气撑门和门板钣金制作

　　② 气撑门应用　气撑门的使用使设备前部开合更加轻松顺畅，操作人员在进行日常检查和维护时更加省力、安全，如图 1-2 所示。

　　③ 旋转式屏幕设计　旋转式屏幕使用户能够根据需要调整屏幕角度，方便观察运行状态和调整参数，提升了操作灵活性和便利性，如图 1-3 所示。

　　④ 电机箱整体可开启结构　新设计的整体可开启电机箱大大简化了检修流程，维护人员无需借助额外工具即可快速打开，显著降低了操作复杂度和维护难度，如图 1-4 所示。

　　这些优化设计紧紧围绕用户需求，提升了设备的操作便捷性与维护效率，实现了设备功能与用户体验的高度统一。

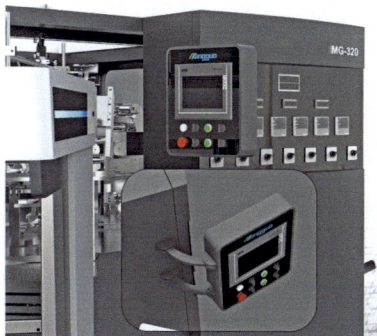

图1-3 高速纸杯机可旋转屏幕

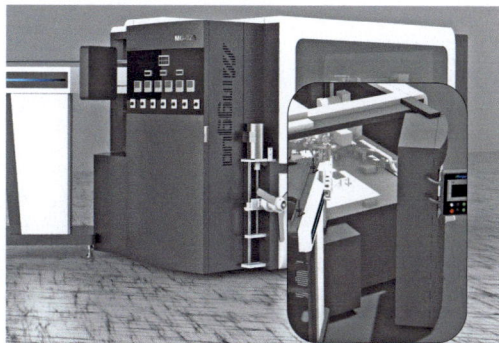

图1-4 高速纸杯整体可开启电机箱

（2）平衡功能与美学

① 机械产品的外观设计需要在功能性和美学之间找到最佳平衡点　以一款高速纸杯机为例，其外壳设计既需保证散热效果，又需保持外观的简洁与统一。团队在原型阶段多次验证，通过调整散热孔的位置和大小，既实现了良好的空气流通，又避免了过多开孔导致的视觉杂乱。最终，设备外观以简洁流畅的造型呈现，同时满足了高效散热的需求，如图1-5、图1-6所示。

图1-5 初期外壳和散热孔设计方案

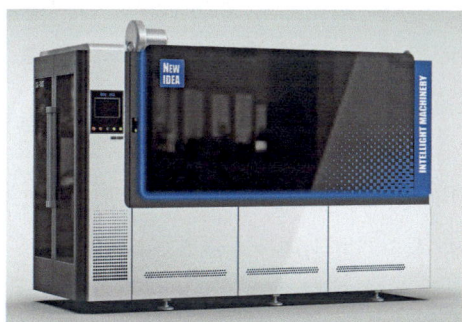

图1-6 经过多次调整后的最终外壳和散热孔设计方案

② 在机械产品领域，功能与美学之间的对立往往需要通过反复的实验与调整来平衡　设计思维中的"创意"与"测试"步骤，可以帮助设计师在原型阶段及时发现问题并优化设计方案。例如，某款大型横切机通过外观与功能的融合设计，展现了功能性与美学的高度协调，如图1-7、图1-8所示。

a.统一的模块化设计。横切机采用了简洁且规则的块面造型，各模块的比例经过精心调整，既确保了功能区域的合理划分，又使整体外观呈现出统一且现代的设计风格。模块化设计不仅提升了视觉的一体感，还方便了后期的维护和生产线的快速部署。

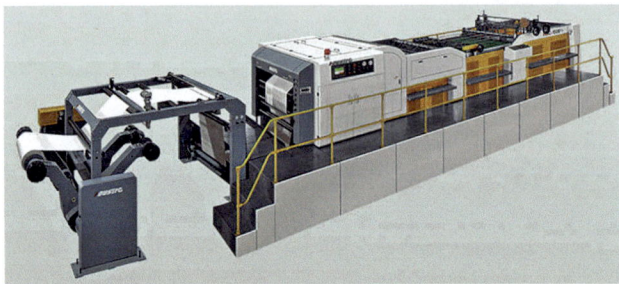

图 1-7　大型横切机原实物

图 1-8　大型横切机设计效果

可拆卸性：机械产品的外壳、护罩、操作面板、接入端口等部件设计为可拆卸模块，用户和维修人员可以方便地更换或维修这些部件，而不影响设备的整体功能。

可替换性：模块化设计允许用户根据需要更换或升级设备的某些部分，如更换面板、添加防护部件或增加附加模块。这种灵活性不仅提升了设备的适应性，还能根据不同的工作环境和需求定制设备。

统一的接口设计：模块化设计通常采用标准化的接口，使得各模块之间可以自由组合或替换，减少了设计和生产的复杂性，提高了设备的维护和更新效率。

标准化的外观风格：模块化设计通过标准化的尺寸、形状、颜色和接口，保证产品在外观上的一致性与和谐性。尽管不同模块有不同的功能，但在整体外观上依然能保持统一的设计语言。

小贴士：机械产品设计中的模块化设计特点

在机械产品外观设计中，模块化设计涉及将产品的外部结构和部件拆解为独立的、可拆卸或可替换的模块。通过这种方式，设计师不仅优化了产品的外观和功能，还提高了设备的易用性和维护性。模块化设计不仅关注产品外观的美学效果，还强调在满足使用需求的同时，增强设备的可维修性、定制性和灵活性。

b. 功能性与结构优化结合。设备的外壳设计兼顾了刚性需求与易操作性，特别是在关键结构比例上进行了优化，使得设备在具备高性能输出的同时保持了简洁的外观。这种优化还直接降低了制造复杂度，为企业节省了生产成本。

c. 操作便捷性与安全性提升。设备操作区域的设计充分体现了人性化的考虑。操作面板的位置高度适中，用户可以轻松监控设备运行状态。结合侧面的护栏设计，不仅保障了操作安全性，还在整体外观上融入了流畅的线条，避免了传统工业设备的割裂感。

（3）适应多变的市场需求

随着市场竞争的日益加剧，机械产品设计需要具备高度的灵活性和适应性，以满足不同用户和市场的需求。设计师需要在创新与务实之间取得平衡，通过小范围的测试逐步验证设计的市场潜力。例如，在为某公司设计一款传统食品灌装机时，设计团队提出在设备中增加触控屏，以取代原本直接采购的、同质化严重且缺乏特色的操控面板。这种操控面板虽具备基础功能，但无法有效传递品牌价值，也难以满足日益多样化的用户需求。设计团队通过测试阶段收集用户反馈，结果显示，用户对触控屏的直观操作界面反映积极。这一设计不仅显著提升了用户体验和设备操作效率，还通过更具品牌识别度的界面设计增强了设备的市场竞争力，如图 1-9 ~ 图 1-11 所示。

图 1-9 食品罐装机原操控面板与原实物

图 1-10 食品罐装机新触摸式操控面板和设计效果

图 1-11　食品罐装机实物

不仅如此，该公司以触控屏的成功测试为起点，将这一创新应用扩展到全系列产品中，大幅增强了品牌在高端市场中的竞争力。这一案例说明，设计思维中的"测试"步骤，不仅是发现问题的工具，更是引领市场趋势的重要方法。

通过上述实践可以看出，机械产品设计的复杂性为设计师带来了巨大的挑战，但设计思维的结构化框架和用户导向方法为设计团队提供了明确的指引。无论是提升操作的便利性、实现功能与美学的平衡，还是适应快速变化的市场需求，设计思维都能够帮助团队在创新与务实之间找到最佳解决方案。

1.1.3
误区教训：忽视人机、创新失衡

尽管设计思维为机械产品设计提供了强大的框架，但实际操作中仍存在一些需要注意的误区，这些问题往往导致设计方向偏离初衷或增加项目实施的复杂度。

下面是一些典型案例与反思。

（1）过度美化：忽视功能性与人机工程学

机械产品设计中的美观追求应以实用性为基础，否则可能对用户体验产生负面影响。以我们团队设计的一款高速纸杯机为例，为增强市场吸引力，设备采用了大面积曲面和装饰性线条的护板设计。尽管这种设计因其流畅的造型和科技感而受到广泛关注，但实际使用中却暴露出以下问题。

① 清洁难度高　曲面与线条设计虽然提升了视觉效果，但这些区域容易积聚灰尘和纸屑，清洁工具难以触及，用户不得不花费更多时间进行维护。

② 维护操作复杂　隐藏式装配卡扣虽然增强了外观的一体化效果，但实际操作中，护板的拆装需要特定工具，步骤烦琐，耗时是传统设计的 3 倍，降低了维护效率。

③ 用户体验下降　调查显示，超过 40% 的用户认为尽管外观设计得美观，但复杂的操作和维护负担抵消了产品带来的初始好感，直接影响了整体满意度，如图 1-12 所示。

这表明，机械产品设计不能单纯追求视觉冲击力而忽视实际使用需求。合理平衡美观与功能，才是提升用户体验和产品价值的关键。

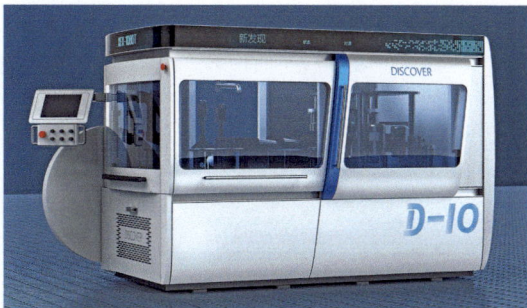

图 1-12　高速纸杯机设计案例

（2）创新过头：忽视可行性与成本控制

创新是机械产品设计的灵魂，但创新不能脱离实际限制，特别是在材料、制造工艺和成本控制方面。例如，在某高性能覆膜机的设计项目中，设计师尝试通过多段棱角分明的几何造型和模块化的块状设计，以突出未来感与工业力量感，同时融入品牌标志性的设计元素。然而，这种创新设计也带来了一些现实挑战。

① 制造成本激增　设备外壳采用了大面积斜面与分段拼接的几何设计，这种复杂的钣金造型需要定制模具，并在加工过程中需多次调整角度和切割工序。结果，模具开发成本比传统方案增加了近 2 倍。

② 工艺实现难度　传统的钣金折弯工艺难以完全保证棱线的锐利效果，部分接缝在拼接后出现了微小错位。为了弥补这些工艺缺陷，企业不得不增加额外的打磨与喷涂工序，生产周期因此延长 20% 以上。

③ 用户反馈分化　尽管这种几何造型在展会中引起了不少关注，但部分潜在客户给出了对维护便利性的担忧。例如，设备的斜面和拼接块设计使拆装工作变得更为复杂，而黄色线条的点缀虽然美观，但在工业环境中容易积聚灰尘，清洁难度增加。

④ 调整与妥协　在进一步评估与反馈后，设计团队对外观设计进行了适当简化，保留了标志性的几何元素，同时优化了拼接方式，并在模块设计中增加了快速拆装功能，最终实现了视觉效果与实用性的平衡，如图 1-13 ～ 图 1-15 所示。

图1-13　目前市场上几款覆膜机

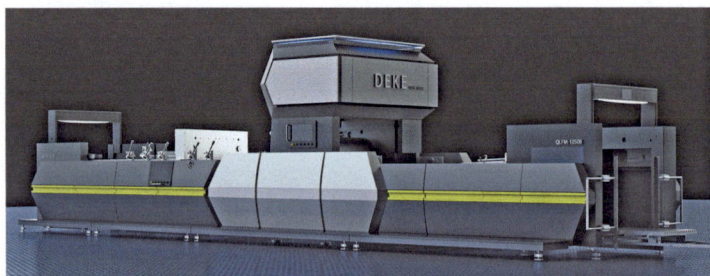

图1-14　覆膜机初期设计方案

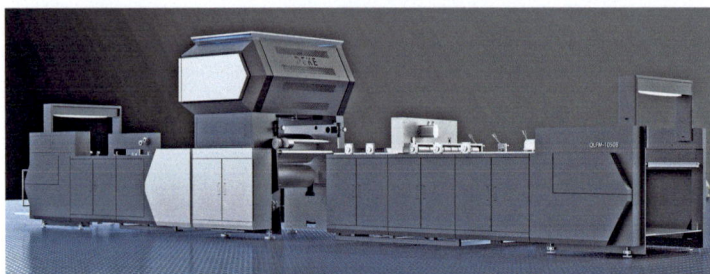

图1-15　覆膜机最终设计方案

　　此类经验表明，创新需要建立在现实可行的基础上。设计师在发散创意时，应同步考虑技术可行性和成本控制，与工程团队和制造方密切沟通，确保每个创新点都能够落地执行。

　　（3）综合反思：平衡的艺术

　　机械产品设计是一个复杂的系统工程，需要设计师在美学、功能、人机工程、成本和制造工艺之间找到微妙的平衡。这种平衡不仅关乎产品的外在表现力，还直接影响其用户体验、制造效率和市场表现。下面是几个关键方面的思考。

　　① 优先用户需求：从实际出发设计产品　优秀的机械产品设计始于对用户需

求的深刻理解。通过实地调研、用户访谈和场景观察，可以准确识别用户的实际需求和使用痛点，并将其作为设计的出发点。设计不仅要关注产品的外观效果，更需要确保设计方案能够为用户提供高效、便捷的使用体验。

②多方协作：打破"设计孤岛" 机械产品的复杂性决定了设计师必须与工程师、制造团队及市场部门紧密协作。在设计过程中，跨部门的沟通可以帮助设计师了解技术可行性、生产工艺及市场需求，从而避免因信息不对称导致的设计偏差。通过多方协作，设计方案能够更好地在美观性与功能性之间取得平衡，同时确保成本和制造效率符合项目目标。

③迭代优化：快速验证减少风险 设计从概念到落地的过程中，快速原型和用户测试是验证设计可行性的有效手段。通过反复测试和优化，设计团队可以在早期发现并解决潜在问题，从而减少后期的返工成本，确保设计更贴合实际需求。

④平衡创新与可行性：突破中的务实选择 创新是推动设计进步的核心，但必须建立在技术可行性和经济合理性的基础上。设计师需要明确创新的边界，权衡创意与现实条件，在美观性、功能性和生产可行性之间找到最佳方案，而不是一味追求视觉上的突破。

（4）设计的本质：务实的艺术

机械产品设计既是技术与艺术的结合，也是创新与务实的平衡。设计师需要不断权衡用户需求与市场趋势、功能实现与制造工艺，以确保产品在美观、功能、成本和效率上都能达成最佳效果。这种动态平衡不仅决定了产品的市场竞争力，也体现了设计师的专业能力和判断力。

机械产品设计并非单纯的创意呈现，而是一种"务实的艺术"。在每一个设计环节中，只有将美观与功能、创新与可行性紧密结合，才能打造出真正满足用户需求、引领市场的优秀产品。

1.1.4
小案例分享

（1）案例一：思维五阶段在底袋制袋机设计中的实际应用

1）同理心

在设计初期，设计团队通过深入调研和现场观察，发现传统制袋设备在使用中存在多方面问题。

① 零部件裸露　操作环境显得杂乱，误操作风险高，同时有安全隐患。

② 手动切换生产模式复杂　耗时费力，对操作员的技术要求高，降低了生产效率。

③ 维护不便　设备维修需拆卸多个零件，增加了停机时间，影响工作流程的连贯性。

这些问题不仅降低了设备的使用体验，还严重影响了用户满意度和生产效率，是设计优化的重点方向，如图1-16所示。

图 1-16　底袋制袋机原实物

2）定义

基于调研数据，设计团队将用户的主要痛点归纳为以下几个关键问题。

① 如何通过模块化设计简化操作流程，降低误操作率？

② 如何优化设备外壳设计，提高整体安全性并减少视觉干扰？

③ 如何减少切换生产模式时的操作复杂性，提升工作效率？

④ 如何提升设备的维护便捷性，减少停机时间？

这些明确的问题陈述为后续的设计工作指明了方向。

3）发散思维

针对定义阶段的问题，设计团队进行了多轮头脑风暴，提出了以下创新方案。

① 包覆式外壳　采用流线型设计语言，将裸露零部件隐藏在外壳内，提升安全性和整洁度。

② 自动调节模块　通过一键切换功能减少人工干预，大幅降低操作的复杂性。

③ 模块化设计　关键零件独立为可拆卸单元，以方便维护和升级。

④ 隐藏式线槽　优化视觉效果的同时，确保操作环境整洁，提高设备安全性。

⑤ 操作面板优化设计　将原有的分散的操作面板统一到两个主要操作区域，重新排列布局，简化操作流程，使操作更直观、更便捷，如图 1-17 所示。

图 1-17　底袋制袋机设计效果

4）原型

设计团队根据上述方案，制作了多个快速原型。

① 外壳原型　采用包覆式设计，并集成隐藏线槽模块，在确保外观整洁的同时提升安装便利性。

② 调节模块原型　实现了参数自动化切换功能，显著缩短了模式切换时间，降低了操作复杂度。

③ 操作面板优化设计原型　将原来的分散式操作面板统一到两个主要操作区域，重新设计布局，使操作流程更加清晰、简便，提升了使用体验，如图 1-18 所示。

④ 模块化零部件原型　插拔式设计使维护更加高效、简单，降低了设备的停机成本。

5）测试

在真实生产场景中，设计团队运行优化后的原型设备，收集用户反馈并进一步改进，如图 1-18 ~ 图 1-20 所示。

① 包覆式外壳　有效减少了因误触裸露零部件导致的安全隐患，同时显著提升了设备的美观性。

② 自动调节模块　大幅缩短了模式切换时间，生产效率明显提高。

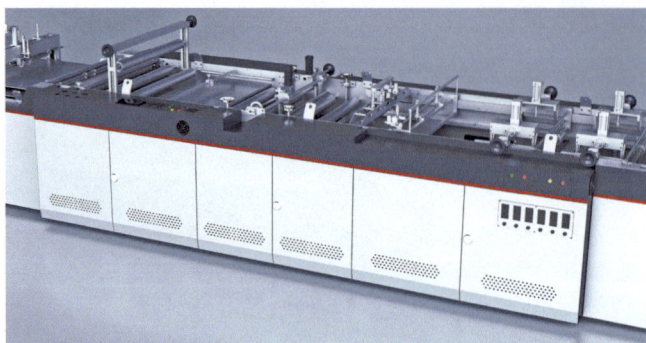
图 1-18　底袋制袋机操作面板

图 1-19　底袋制袋机门板开合方式

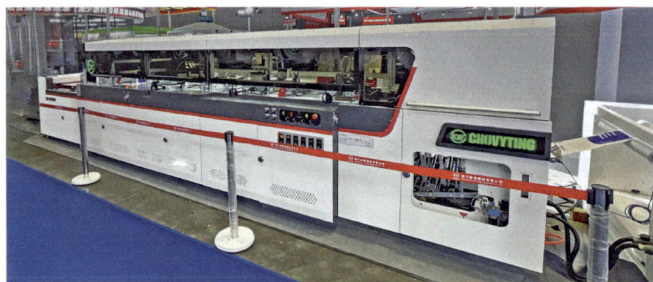
图 1-20　底袋制袋机设计后的实物

③ 操作面板优化设计　重新布局的操作面板让操作更直观，即使是新手，也能快速上手，显著缩短了培训时间。

④ 模块化设计　维护与清洁更加方便，设备停机时间减少了 12% 以上。

6）总结

经过设计思维五个阶段的应用，这款底袋制袋机在操作便捷性、安全性、维护效率等方面得到了全面提升。优化后的设计实现了功能性与用户体验的统一，不仅解决了用户痛点，还增强了产品的市场竞争力，为机械产品设计提供了宝贵的实践经验，具有借鉴意义。

（2）案例二：烫金模切机外观概念尝试

在烫金模切机的外观设计过程中，设计团队通过"换位思考"深入挖掘操作人员的实际需求，发现了多个关键的操作痛点。模切机在日常使用中，操作人员需要频繁调整参数、清洁维护设备以及更换部件。然而，在初期设计方案中，设备护罩的拆装较为复杂，操作界面的布置缺乏人性化，显著增加了使用和维护难度。基于这些洞察，设计团队优化了护罩结构与操作界面，使设备更加符合操作人员的实际需求，最终提升了设备的使用效率和便捷性。

1）"先做概念，后做验证"的教训

在项目开展的初期，设计团队希望通过极具未来感的设计突出品牌的科技感，以提升产品的市场竞争力。然而，由于未与工程和制造部门进行充分沟通，初稿在实际落地时暴露出了一些问题。

① 制造可行性不足　初稿采用了大量复杂的几何造型设计，如过于细致的拼接和曲面造型，这些设计虽然视觉上具有冲击力，但超出了企业现有的钣金加工能力，导致需要额外开发高精度模具，大幅增加了生产成本和开发时间。

② 忽视功能需求　护罩的拆装结构设计未充分考虑设备的日常清洁与维护需求，导致操作人员需要更多的工具和时间来完成基础操作，显著降低了工作效率。

③ 返工增加成本　初稿在实际测试阶段暴露出了多项问题，包括护罩连接方式需调整、操作界面需优化等，导致设计团队不得不大幅修改方案，延长了开发周期并超出了预算，如图 1-21 所示。

图 1-21　烫金模切机初期设计方案

2）优化后的设计流程

吸取初稿的经验教训后，设计团队调整了设计流程，引入了以下优化措施。

① 引入并行测试　在概念设计阶段同步进行快速原型制作和现场测试，通过3D 打印模型验证护罩设计是否符合操作需求，并及时优化形态与结构。

② 加强跨部门协作　设计团队与工程和制造部门建立了高效的沟通机制，在设计初期共同评估技术可行性、制造成本和工艺要求，从源头上减少返工风险。

③ 迭代优化设计　最终方案采用了模块化护罩设计，使护罩具备快速拆装功能；同时优化了操作界面的布局，确保操作人员可以轻松完成日常调整与维护，显著提升了设备的用户体验，如图 1-22 所示。

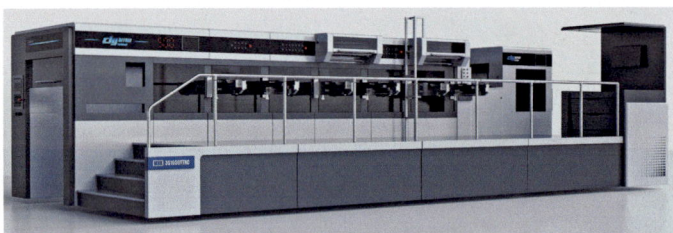

图 1-22　烫金模切机修改后设计方案

3）设计成果对比：初稿与最终方案

① 初稿　过于强调曲线与几何造型，增加了制造复杂性；护罩与界面布局未能充分考虑使用的便捷性，清洁与维护效率低下。

② 最终方案　通过模块化与简洁的几何语言实现了视觉美感与功能性的平衡，优化的护罩与操作界面使设备更易操作和维护。

4）总结：设计反思的价值

烫金模切机的外观设计实践突显了"先做概念，后做验证"的不足，同时证明了换位思考的重要性。优化设计流程后，团队不仅解决了初期的技术与功能问题，还显著提升了产品的市场竞争力和用户满意度。这一案例表明，机械产品设计的核心不仅在于外观的创新，更在于通过务实、高效的设计方法实现创新与功能的动态平衡。

1.2　多维要素与常见挑战

机械产品设计的核心在于协调功能、成本、工艺和外观之间的多维制约，同时应对由结构复杂性和刚性功能需求带来的设计难题。

1.2.1
功能、成本、工艺与外观的博弈

在机械产品设计中，功能需求决定了产品的基本框架，而成本、工艺与外观则是实现这一框架的多重变量。设计师需要在这些变量之间找到平衡，确保设计既符合功能要求，又具有市场吸引力和制造可行性。

（1）功能优先但需兼顾多样性

机械设备的功能性需求通常是设计的核心，但随着市场和用户场景的多样化，设计师需要在满足基本功能的基础上，通过差异化设计提升产品的市场竞争力。

案例： 在分切机的设计过程中，我们将左、右两侧的操作面板整合到一个系统中，针对用户操作的实际需求进行优化。左侧操作面板采用触控屏和物理按键相结合的设计，确保用户能够直观、高效地控制设备的核心功能；而右侧操面板则针对设备的特定功能调整和监控需求，重新布局并优化操作界面，提供更加精细化的控制。这一整合设计不仅减少了用户在不同操作面板之间切换的时间，还显著简化了操作步骤，提高了设备整体的工作效率和可靠性，如图 1-23 所示。

通过这样的差异化设计，设备不仅满足了多样化的使用场景的需求，还增强了操作的直观性和便捷性，为产品在市场中的竞争提供了强有力的支持。这一案例表明，功能设计不仅要满足行业标准，还需通过细致入微的优化提升用户体验，从而真正实现产品的差异化价值。

图 1-23　分切机设计案例

（2）成本与材料选择的权衡

控制成本是机械产品设计的重要目标，但这并不意味着需要牺牲性能或外观质量。设计师需要通过优化材料选择和结构设计，在降低制造成本的同时，确保功能与耐用性相得益彰。

图1-24 高速纸杯机收料机原实物

案例：在高速纸杯机设计中（图1-24），针对其多工序协作的复杂需求，设计团队进行了全面优化。首先，收料机和放料架的造型经过重新设计（图1-25），结构更加紧凑，既减少了材料用量，又赋予了设备现代感，提高了市场吸引力。同时，优化后的零部件布置减少了多余的工序衔接，使设备的整体运转效率显著提升。

其次，线槽采用隐藏式设计，并用门板覆盖，如图1-26所示。这一调整不仅提升了设备外观的整洁度，还有效保护了电缆，减少了因电缆暴露而引发的安全隐患。此外，原有的铁门被替换为轻质铝框门（图1-27），这一改变在保证结构强度的同时，大幅降低了设备的总重量，减少了物流和安装成本，同时提高了操作的便捷性和耐用性。

图1-25 高速纸杯机收料机和放料架设计　　图1-26 隐藏式线槽设计方案

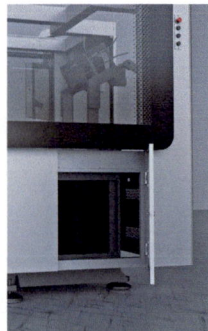

通过这些优化措施，高速纸杯机在结构强度、功能表现与外观之间达到了高度统一，如图1-28、图1-29所示。这一案例充分说明，成本优化不仅是对材料和工艺的调整，更是对整体设计思路的系统性考量。

图 1-27　铝框门材质和截面

图 1-28　高速纸杯机原实物

图 1-29　高速纸杯机设计效果

（3）工艺的潜力与局限

随着现代工艺技术的进步，机械的制造能力显著提高，但设计师在创新中必须充分理解工艺的局限，以避免因设计超出机械的工艺范围而导致的返工或成本增加。

案例： 在设计中速纸杯机的过程中，初期设计方案（图 1-30）采用了复杂的曲面包裹设计，试图通过前卫的设计语言提升设备的现代感和品牌辨识度。然而，由于外壳曲线复杂，钣金加工过程中折弯角度过小，导致材料表面出现裂纹和形变问题，试生产阶段被迫中止。

为了克服这一工艺难题，设计团队对外观设计进行了调整，将原有的流线型设计语言改为几何拼接形式。几何拼接不仅降低了加工难度，还通过合理的角度优化确保折弯过程不再超出材料极限。同时，团队调整了外壳模块的分布方式，使其更加符合钣金加工的工艺范围，降低了模具开发的复杂度和成本。

改进后的设计（图 1-31）不仅保留了现代感的外观风格，还通过简洁的几何线条提升了整体视觉张力。优化后的设计方案显著降低了生产成本，缩短了加工时间，同时提升了外观的一致性和可维护性。

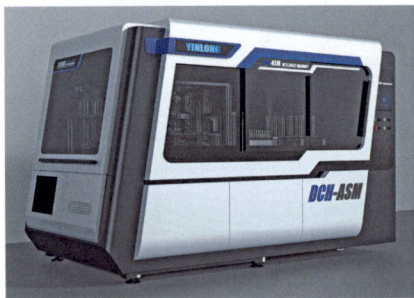

图 1-30 中速纸杯机初期设计方案

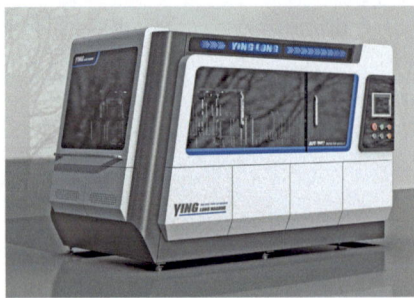

图 1-31 中速纸杯机改进后设计方案

这一案例充分说明，在机械产品设计中，理解工艺限制并将之合理利用是保证设计方案成功落地的关键。通过对设计语言的调整，团队不仅实现了创意与功能的统一，还为设备的制造可行性和经济性提供了有力支持，如图 1-32、图 1-33 所示。

图 1-32 中速纸杯机原实物

图 1-33 中速纸杯机实物落地

（4）外观的市场导向

外观设计不仅是产品的视觉表现，更是市场定位的直接体现。通过精准的设计语言，产品可以增强品牌辨识度，满足目标市场需求，同时传递企业的技术实力与价值观。下面的案例展示了外观设计如何在功能与市场需求之间实现平衡。

① 功能与美学的协调　在一款贴窗机设备的设计中，设计团队通过简洁的几何外壳，将复杂的机械组件和电气线路巧妙隐藏，显著优化了产品的视觉效果，提升了用户体验。模块化设计不仅方便拆卸与维护，还在提升设备美感的同时，确保了安全性和操作便捷性。

② 有限空间条件下的创新优化　面对空间受限的挑战，设计团队优化了内部组件布局，将电气线路与机械部件合理分区，避免了功能干扰，同时简化了后续维护流程。外壳的简洁设计进一步提升了空间利用率，同时塑造了设备的流畅感，为用户提供了良好的视觉体验和操作便捷性。

③ 从功能到市场吸引力的转化　这一设计通过功能与美学的高度融合，不仅满足了用户对性能的严苛要求，还赋予了产品更强的市场吸引力。外观设计以简洁流畅的视觉语言展现了设备的专业性和高端性，有效传递了企业的品牌价值。在高端市场中，这种兼具实用性和美感的设计赢得了用户的青睐，为产品在竞争激烈的市场中占据有利地位提供了强有力的支持。

通过外观设计，贴窗机设备不仅实现了功能与美学的高度融合，还在有限空间条件下优化了操作体验。设计语言的精准运用，不仅提升了产品的用户体验，还增强了其市场竞争力，彰显了品牌的独特价值，如图1-34 ~ 图1-36所示。

图1-34　贴窗机设备原实物

④ 总结　功能、成本、工艺与外观是机械产品设计中不可分割的多维变量，每一维都直接关系到产品的市场竞争力与制造可行性。从具体案例中可以看出，设计师需要通过系统性思维在这些变量之间找到平衡点，在满足核心功能的前提下，提升产品的经济性、实用性和视觉吸引力，从而实现设计的综合价值。

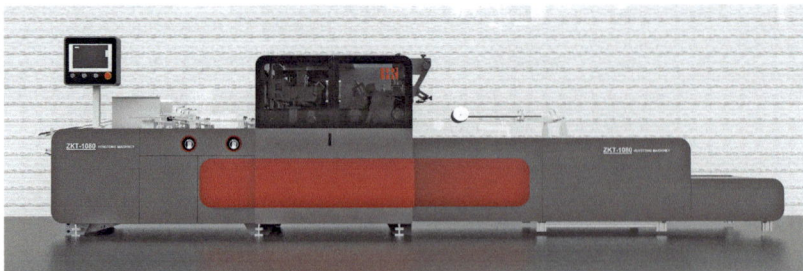

图 1-35　贴窗机设备设计效果

图 1-36　贴窗机设备实物

1.2.2
机械产品"重结构、强功能"的设计难度

　　机械产品设计需要在内部结构的约束和功能实现的高性能要求之间找到平衡。这种"重结构、强功能"的特点给外观设计带来了更高的挑战。设计师需要在有限的空间、严苛的功能需求和视觉表现之间找到平衡，化挑战为机遇，为产品赋予卓越性能和独特美感。

（1）内部空间的优化利用

　　机械设备的内部常涉及大量复杂部件的布置，例如动力传输系统、控制模块和辅助功能组件。这些内部部件的合理布局对设备的性能和稳定性至关重要，同时也直接影响外观设计。

　　① 部件的空间竞争　在机械产品设计中，动力系统、传感器和操作接口常常需要"争夺"有限的空间资源。设计师不仅要保证关键部件的合理分布，还要为日

常维护预留便捷的操作空间。如何在确保内部部件布置高效的同时，让外观设计展现出简洁与科技感，是一大挑战。

② 外壳与内部布局的相互影响　外观设计在保证美感的同时，必须为内部部件预留足够的安装和运行空间。过于追求流线型或复杂曲面的外观可能使内部部件布置变得困难，甚至限制了关键部件的灵活安装。设计师需要权衡外观与功能之间的关系，确保视觉吸引力与实用性并存。

（2）功能实现的设计挑战

机械产品的"强功能"特性决定了其设计必须满足多种极端工况或复杂使用场景的需求，例如高速运转、高精度加工和大负载运行等。这些需求对外观设计提出了额外的要求。

① 高速设备的隔振与稳固性设计　部分机械设备在工作时，需要在保持高速运转的同时避免振动对成品质量的影响。这要求设计师在设计外观时融入隔振系统或优化重量分布。这类功能性设计往往会影响外观的流线感，需要通过造型语言巧妙掩饰。

② 特殊功能的附加要求　部分机械设备在运行中需要润滑和冷却系统。设计师需要将这些功能性组件巧妙隐藏，同时保持外观设计的简洁和现代感。这种设计考验的是功能与美学的有机结合。

③ 散热与外观统一　机械设备在高负载运行中通常会产生大量热量，散热设计是不可忽视的一环。然而，散热孔的布局如果过于随意，可能削弱外观的整体美感。优秀的设计往往能够通过造型语言融入散热功能，例如将散热孔与外壳纹理设计相结合，既满足功能需求，又赋予产品独特的视觉风格。

（3）动态调整的必要性

机械产品的复杂性还体现在其动态调整的需求上。一些设备需要支持模块化组件的快速更换或扩展功能，这对外观设计提出了更高的要求。

① 模块化组件的设计挑战　某些机械设备需要满足多种规格的产品生产，模块化部件的设计成为关键。设计师必须提供统一的接口方案，确保模块在更换过程中操作便捷，同时避免破坏整体外观的一致性。

② 灵活性与整体性的平衡　某些机械设备常需要设计可扩展的功能接口，但这类接口若设计不当，可能破坏机械设备整体造型的简洁性。设计师需要通过创新造型语言，将扩展接口融入外壳设计，使其成为整体造型的一部分，而非视觉上的"异物"。

③ 避免后期返工　如果设计师在早期阶段未能充分考虑动态调整需求，可能导致生产阶段的大幅返工。例如，某设备因未预留扩展接口，外壳结构被迫重新调整，不仅延长了项目周期、增加了成本，也对产品上市时间造成了影响。这表明，在设计初期就必须全面评估功能需求。

（4）实际案例分享：天地盖纸盒机的结构隐藏优化

原有天地盖纸盒机因笨重的外形和外露的机械结构给用户带来了诸多不便。暴露的零件不仅增加了操作和维护的复杂性，还存在一定的安全隐患。同时，设备缺乏统一的设计语言，整体视觉效果欠佳，难以体现品牌价值，也难以在市场竞争中脱颖而出，如图 1-37 所示。

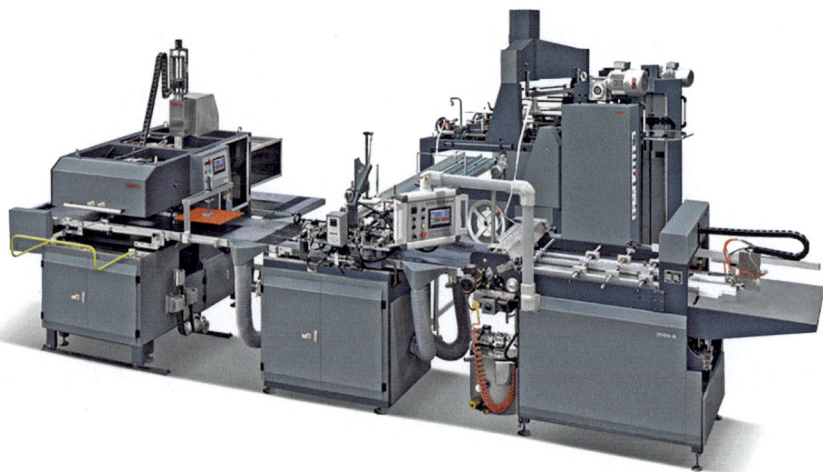

图 1-37　天地盖纸盒机原实物

通过功能布局的高效规划与结构优化，设计团队对设备内部结构进行了多次调整，合理分配了零件的安装空间，并通过紧凑布局为外观优化提供了更大的灵活性。最终采用包覆式外壳结构，巧妙隐藏了内部复杂部件，使设备呈现出简洁而现代的造型。这种外壳设计不仅实现了整体性的视觉统一，还减少了暴露部件带来的安全风险，同时大幅降低了操作和维护的难度。

在外观造型上，设计结合了锐利直线和独立块面，成功塑造了产品的视觉张力与科技感，赋予了设备层次感和现代化气息。外壳设计还通过特定区域的分割与色彩搭配，增强了品牌识别度和产品辨识度，使设备在市场上脱颖而出，如图 1-38、图 1-39 所示。

图 1-38　天地盖纸盒机设计效果

图 1-39　天地盖纸盒机实物

（5）结语

"重结构、强功能"虽然给机械产品设计带来了诸多挑战，但也是激发设计师创新潜力的重要契机。通过合理优化内部布局、巧妙结合功能需求与美学表现，并在设计初期深入评估动态需求，设计师可以化挑战为机遇，打造出兼具卓越性能与独特美感的机械产品。

1.2.3
踩坑经验：结构限制对外观创意

在机械产品设计中，设计师常常面对创意与技术限制之间的博弈。外观创意能够提升产品的视觉吸引力和市场竞争力，但如果忽视了内部结构的限制或功能需求，则可能导致设计无法落地甚至影响设备性能。下面两个典型的设计教训为我们提供了宝贵的经验。

（1）隐藏式开孔设计与效率问题

① 案例背景　设计团队在一款柔板印刷机的设计中（图1-40），为了追求外观的整体性和高端视觉效果，采用隐藏式开孔设计，将散热孔巧妙地隐藏在外壳的后侧面，以保持外壳表面的简洁与流畅，如图1-41所示。然而，在实际运行测试中，这种设计出现了显著问题。

图1-40　柔板印刷机设计案例

② 问题分析　散热性能受限：隐藏式开孔虽然在视觉上提升了产品的美感，但在高强度运行中，设备内部热量无法有效排出，导致局部温度过高，影响了设备的性能稳定性和使用寿命。

维护难度增加：隐藏的设计使得用户在维护设备时难以清洁散热孔，进一步加剧了热量积聚的问题。

③ 解决方案　设计团队最终选择了一种功能与美学结合的方案。

在设备外壳上新增带有几何纹理的显性散热孔（图1-42），这种设计不仅提升了设备外观的层次感，还兼顾了散热效率。散热孔的排布根据模拟气流优化，将散热效果最大化，同时确保了外观的独特性和美感。

④ 教训总结　隐藏式设计虽然能够增强视觉上的整体性，但必须考虑功能需求和设备运行的实际工况。通过结合气流分析与纹理设计，散热问题得以解决，同时也为功能性美学设计提供了新的思路。

（2）管线布局忽略实际运行需求

① 案例背景　在一款丝网印刷机的设计初稿中（图1-43、图1-44），为了突显产品的工业美感和现代感，设计团队采用了顶部带铁板骨架和有机玻璃罩壳的外观设计。然而，在实际测试阶段，问题逐渐显现——外壳设计与内部管线布局产生了冲突，不仅影响了设备的运行效率，还给操作和维护带来了诸多不便。

图 1-41　隐性散热孔设计方案

图 1-42　显性散热孔设计方案

图 1-43　丝网印刷机原实物

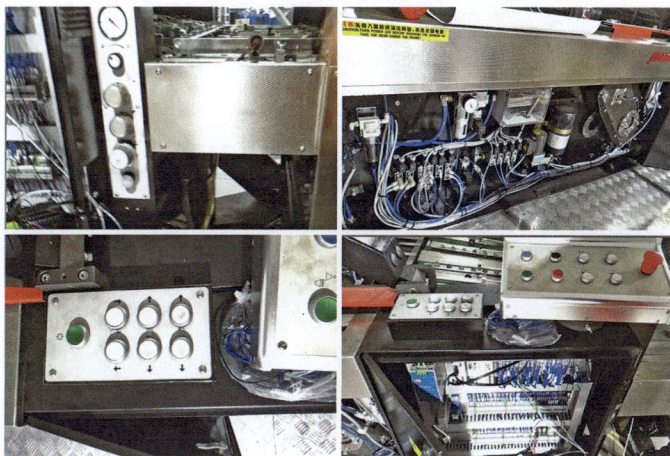

图 1-44　丝网印刷机原实物细节

② 问题分析

a. 管线灵活性不足。设计初稿中的顶部铁板骨架和有机玻璃罩壳未充分考虑内部管线的实际走向，导致管线在运行中受到挤压。尤其是在高频运行时，流体传输的效率受到显著影响，甚至导致局部损耗。

b. 安装与维护困难。有机玻璃罩壳与固定控制面板的设计增加了操作复杂性。在需要检修时，每次都需要打开玻璃门并移动屏幕，操作烦琐且易损坏。外壳未为管线预留足够的空间，导致维护时不得不临时拆装，增加了设备停机时间和维护成本，如图 1-45、图 1-46 所示。

图 1-45　丝网印刷机设计初稿效果

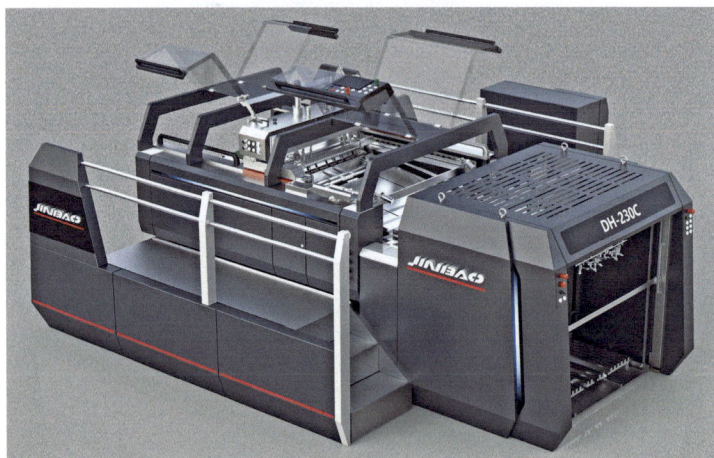

图 1-46　丝网印刷机初稿俯视

③ 解决方案　面对这些问题，设计团队进行了以下优化。

a. 调整外壳设计。

移除顶部骨架与玻璃罩壳：为了提升设备操作的灵活性和便捷性，团队移除了顶部结构，同时设计了开放式布局，减少了管线受限的风险。

分段式外壳设计：通过动态评估管线的运行需求，微调了外壳造型，上半部不锈钢材质罩壳为管线的布置和维修预留了充足的空间，避免了管线挤压的问题。

b.新增管线管理系统。

固定夹与导向槽：设计中增加了管线的固定夹和导向槽，将管线的走向集中到特定区域，不仅提升了运行的稳定性，还显著简化了管线的日常维护操作。

c.优化控制面板与安装方式。

可移动控制面板：将固定控制面板改为可调节移动设计，既方便操作，又避免了频繁检修时损坏屏幕的风险。

快速拆装结构：采用模块化装配方式，外壳分段设计便于快速拆装，显著降低了维护成本和复杂度，如图 1-47、图 1-48 所示。

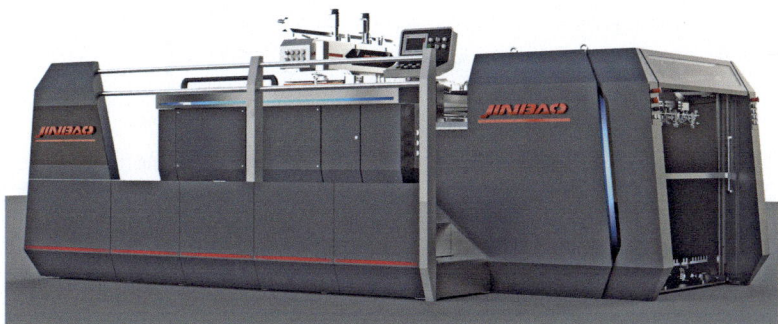

图 1-47　丝网印刷机优化后的设计效果

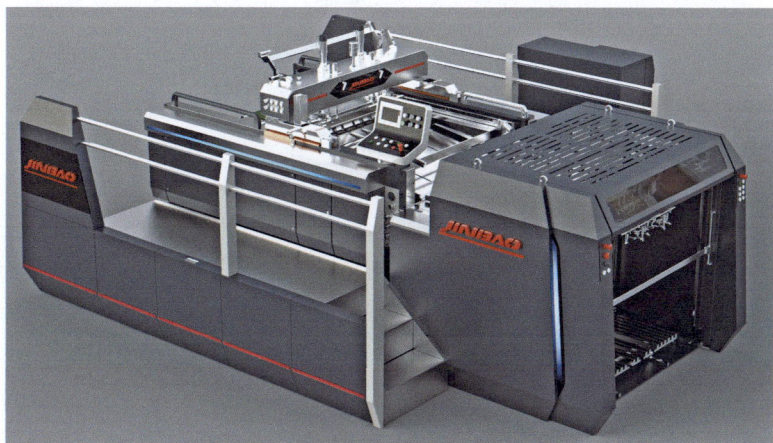

图 1-48　丝网印刷机优化后的俯视

④ 教训总结　这一案例深刻表明，机械设备的外壳设计不仅需要满足视觉美感，还必须充分考虑设备运行中的动态需求和实际使用场景。设计师需要在创意阶段与工程师密切合作，通过早期动态模拟和测试验证，确保外观设计与设备功能的高度契合。忽略这些关键因素，可能会导致创意设计被推翻或返工，从而影响项目的整体效率与成本。

（3）综合反思与建议

这两个案例清晰地展示了机械产品设计中"结构限制对外观创意"这对常见矛盾。为避免类似问题的发生，以下几点经验值得参考。

① 设计早期多方介入评估　设计师需要与工程师、市场团队和生产团队充分沟通，在初稿阶段进行全面评估，避免过度依赖外观创意而忽视功能性需求。

② 动态模拟与测试验证　在设计阶段，通过虚拟模拟技术对产品关键功能进行测试。例如，利用模拟气流的工具可以评估散热设计是否有效，或者通过结构分析软件验证设备管线的布局是否合理。这些工具能够在设计早期发现潜在问题，一定程度上帮助设计师避免后续反复修改。

③ 功能与美学的双向兼容设计　通过将功能性需求融入设计语言，例如将散热孔、安装接口等功能特性与造型细节有机结合，既能提升产品的使用价值，又能增强视觉吸引力。

④ 灵活设计，预留改进空间　在设计阶段考虑可能的调整需求，例如可扩展接口、分段式外壳或模块化结构设计，以便于后续的维护和升级。

通过吸取这些教训，设计师可以在机械产品设计中更有效地实现创意与功能的平衡，为最终产品的市场表现打下坚实的基础。

1.2.4
总结：全面协调的艺术

机械产品设计是一项高度系统化的工作，每一个设计决策都隐藏着对成本、工艺和外观的细致权衡。设计师需要在多重限制中寻找最优解，将看似对立的需求转化为相辅相成的设计要素。只有在设计初期充分评估这些制约因素，并结合准确的市场洞察，才能创造出既符合使用需求又具备商业竞争力的产品。

这种多维度的博弈并非设计创新的阻力，其反而为设计提供了应对挑战与突破的动力。通过在平衡中追求优化，设计师能够在复杂的约束条件下找到创造性的解决方案，让机械产品不仅高效实用，更能展现出与众不同的设计价值。

1.3　从需求洞察到快速原型的实践

机械产品外观设计不仅需要满足用户需求和市场定位，还需要在美观与功能之间找到平衡。通过需求洞察和快速原型的应用，设计师能够更精准地将想法转化为可行方案，为产品的最终落地提供强有力的支持。下面将进一步扩展用户调研与快速原型的实践方法与实际应用。

1.3.1
用户调研与痛点挖掘

外观设计的初期阶段，调研是揭示用户需求和操作痛点的重要环节。设计师通过实地走访、操作场景观察和用户访谈，能够发现外观设计中潜在的问题，并在此基础上提出优化方向。

（1）深度访谈的价值

在设计调研中，用户反馈常成为优化的关键指引。例如，在对一家分切机应用企业的调研中，用户反馈某筒纸分切机的显示屏因嵌入式设计过于隐蔽，不够显眼，导致操作人员在调整参数时频繁中断流程，甚至需要额外寻找屏幕位置，如图1-49所示。针对这一问题，设计师重新调整了屏幕布局，采用突出的黑色框架设计，使屏幕从设备外壳中更加醒目地"跳出来"，同时增加亮度调节功能，以适应不同工作环境的需求。优化后的设计显著提升了操作效率，并得到了用户的高度认可。这一反馈直接推动了设备外观优化的方向，如图1-50所示。

（2）观察与记录的细节捕捉

观察用户与设备的实际交互可以揭示一些潜在的痛点。例如，某全自动分切机的面板设计，在调研中发现其虽然视觉效果简洁，但按钮分布过于密集，导致操作人员在佩戴手套时频繁误触。设计师基于观察和记录调整了按钮的排列方式，增大了间距，同时采用了符合工业场景的防滑材质，从而提升了设备的操作效率，如图 1-51 ~ 图 1-53 所示。

图 1-49　筒纸分切机设备优化前的显示屏

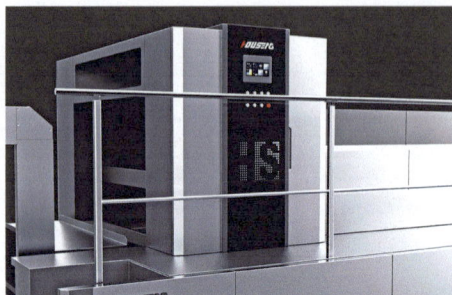

图 1-50　筒纸分切机设备优化后的显示屏

图 1-51　前期过于密集的操作界面设计方案

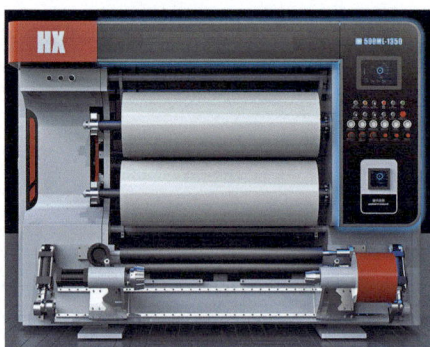

图 1-52　优化后的全自动分切机设计方案

图 1-53　全自动分切机设计后的实物

（3）数据支持需求优先级

用户调研数据可以为需求优先级提供量化依据。例如，在标签印刷机的设计中，市场调查显示 70% 的用户将设备的维护便捷性作为优先考虑因素。这促使设计师在优化外壳时，更注重工具存取点和组件的快速拆装功能，而非单纯追求视觉效果的复杂度。

1.3.2
快速原型与迭代

快速原型是设计从概念到实际的桥梁。在机械产品外观设计中，快速原型可以帮助团队验证尺寸比例、形态美感以及用户交互的可行性，从而降低设计决策中的不确定性。

（1）原型开发的分阶段性

① 初步验证阶段　在这一阶段，设计师主要是通过外观结构图与企业工程师、钣金厂的钣金师傅进行多次深入沟通，反复核对图纸（图 1-54），确保设计的可行性和实际加工的可能性。初步验证更多依赖于电脑上的三维模型和结构分析工具，而非物理模型。这一阶段的重点是对设备的整体外观比例、零件布局以及钣金结构进行确认，并确定拆解和加工的基本方案。例如，在制药设备外壳设计中，设计师与钣金师傅协作，讨论外壳分段位置是否符合清洁和维护要求，

图 1-54　设计师与企业工程师、钣金师傅沟通图纸

最终形成经过反复讨论而优化的钣金结构图。

② 细节优化阶段　在细节优化阶段，基于初步验证后的钣金拆解图纸，设计师进一步评估和改进具体细节。这一阶段可能结合虚拟模拟技术（如结构强度分析、装配动态评估）对关键部件进行测试验证，同时，在需要的地方，通过 3D 打印制作高精度原型，用于检测细节问题。例如，在制袋机设计中，设计团队采用了 3D 打印模型对用于夹取和松开包装袋的零部件进行了测试，如图 1-55 所示。通过测试发现，该设计未充分考虑人机工程学，导致操作不够便捷。针对这一问题，设计团队对气

动卡爪的布局和操作方式进行了优化调整，从而提升了设备的功能性和用户体验。

③ 用户体验阶段　用户体验阶段是设备实际落地后的重要环节，设计团队会根据用户反馈对设备进行优化和调整。设备在安装和使用过程中，可能会暴露出操作不便或设计干涉等问题，这些都是改进的关键点。例如，在某湿巾包装机的安装过程中，部分部件因安装角度受限而导致安装效率低下，设计团队通过调整相关结构和安装方式解决了这一问题。同时，用户反映手动调

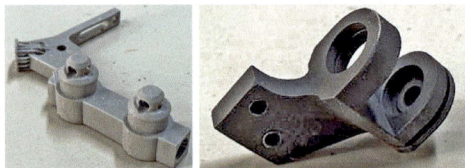

图 1-55　用于测试的机械零部件 3D 打印

节旋钮过小，操作困难，设计师则改用更大尺寸的旋钮并增加防滑纹理，提高操作舒适度。这种基于实际使用反馈的优化，确保了产品能够更好地满足用户需求。

（2）虚拟原型的作用

除物理原型外，虚拟原型（如 CAD 模型、虚拟现实展示）已成为外观设计的重要工具。虚拟原型不仅可以在设计初期快速展示设备的外观效果，还能通过模拟环境全面验证设备运行状态和用户交互体验。例如，在自动分切机的设计中，设计师利用虚拟现实技术模拟了设备的运行流程，包括操作系统、放卷系统、自动智能排刀系统、自动粘胶系统、自动移纸系统及自动换卷系统的动态表现。通过虚拟原型的展示，设计师能够提前发现设备运行中可能出现的视线遮挡或操作干扰问题，并及时优化外壳造型，确保设计既符合功能需求，又提升了用户的操作便利性。这种方式不仅提高了设计验证的效率，还显著降低了设计返工的风险，如图 1-56 所示。

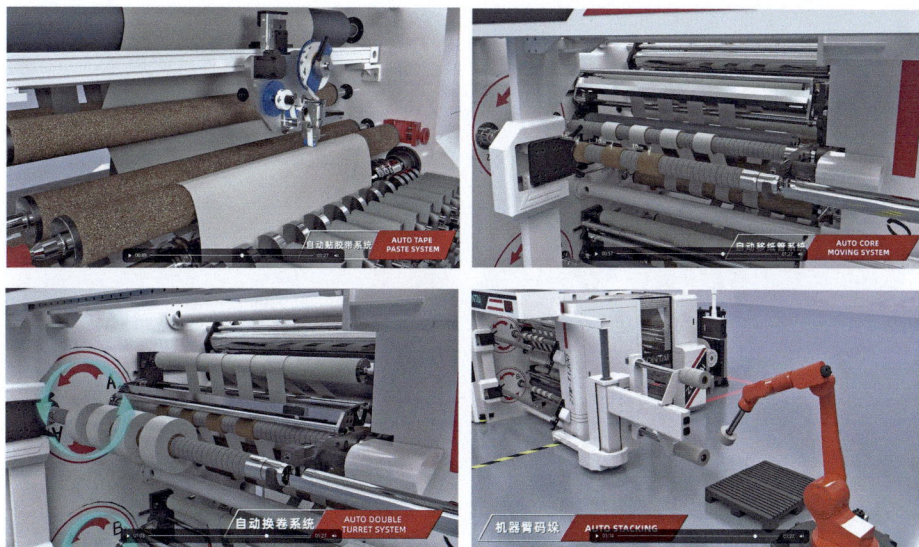

图 1-56 分切机模拟环境运行视频展示

1.3.3
小案例：兼顾功能与品牌的纸杯机外观升级

在一款纸杯机的设计升级中，设计师不仅需要改善设备的安全性和操作便利性，还需通过外观设计提升品牌识别度，以满足市场对高端产品的期待。

（1）调研阶段

通过实地调研和用户访谈，设计团队发现原有设备的外观平淡无奇，内部结构部分暴露，不仅增加了安全隐患，还削弱了品牌的高端定位。此外，设备缺乏整体性和品牌识别度，难以在竞争激烈的市场中脱颖而出，如图 1-57、图 1-58所示。

（2）快速原型阶段

设计团队采用虚拟原型工具模拟了设备的运行环境和用户操作流程，分析了内部结构与外壳设计的协调性。通过调整外壳造型，设计师采用了包覆式结构，将内部复杂的机械部件隐藏起来，既增强了安全性，又提升了设备的视觉整体性。结合 3D 打印制作了高精度原型，测试了新设计在紧凑空间内的功能布局，并优化了设备正面透明面板与品牌色的搭配，使整体设计更加现代化，如图 1-59、图 1-60 所示。

图 1-57　中速纸杯机原实物正面

图 1-58　中速纸杯机原实物背面

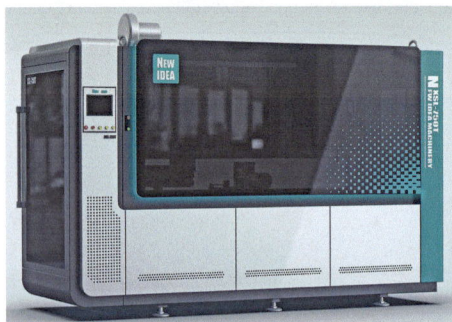

图 1-59　纸杯机正面设计效果

图 1-60　纸杯机背面设计效果

（3）试用与反馈阶段

设计后的中速纸杯机在试用阶段得到了用户的积极反馈。包覆式结构有效减少了安全隐患，背部模块化设计显著提升了操作和维护的便捷性。正面大面积黑色透明面板与品牌色的搭配，不仅提升了科技感，还使设备在视觉上焕然一新。用户反馈新设计在功能性和品牌辨识度上均表现出色，为设备打开了广阔的高端市场，如图 1-61 所示。

图 1-61　纸杯机实物

通过这一优化，中速纸杯机实现了外观与功能的双重升级。设计不仅解决了安全性和操作便捷性的问题，还通过巧妙的品牌色彩运用和造型优化，为企业树立了更鲜明的品牌形象。

1.4 创新与务实策略的平衡

在机械产品的外观设计中，创新与务实的平衡是一项持续的挑战。设计师的创意需要通过工程团队的技术手段实现，而工程师在考虑制造工艺与成本限制时，也需要与设计师协作，找到最优解。如何在美观与实用、创新与可行性之间取得平衡，既是对外观设计师专业的考验，也是团队协作能力的体现。

1.4.1
设计与工程协同：图纸与工艺的沟通

机械产品的外观设计贯穿了从概念到制造的全过程，其中设计师与工程师的协同至关重要。在这个过程中，外观效果与制造工艺的兼容性成为沟通的核心。

（1）模型图纸的细化与统一

① 外观设计与工程实现的协调　外观设计师通常专注于整体造型、线条语言和视觉效果，而工程师则更注重内部结构的布局与工艺可行性。在机械产品设计中，外观设计与工程实现之间需要不断协调与磨合，尤其是在初期概念模型的基础上细化设计。设计师通过模型图纸来明确外壳的尺寸、公差和安装方式，并与工程师紧密沟通，确保设计既符合美学要求，又能顺利进行生产和装配。

② 显示屏与操作面板布局优化　在某款纸盒包装机的设计中，初步设计时，显示屏位于设备的右侧，设备前端的操作面板则放置在下方，如图 1-62 所示。虽然这种布局便于内部结构的设计，但经过与工程团队的多次讨论后，设计团队决定将显示屏移至设备的中心位置，操作面板则调整至设备的上方。这一改动使得操作人员在工作时能更便捷地查看显示屏和操作，且操作面板的位置更符合人机工程学，显著提升了操作便捷性和舒适度，如图 1-63 所示。

③ 外壳稳定性与生产可行性优化　在细化设计过程中，设计团队还注意到设备外壳的稳定性和生产可行性。原设计中的门板与灯带拼接可能会影响外壳的结构强度，特别是在设备高速运行时。为了保证外壳的稳定性并减少生产中的潜在问题，设计师通过调整模型图纸，增加了必要的接缝和固定点设计，确保了外壳在生产和装配时能顺利对接，保持稳定性。同时，这些接缝和固定点的设计巧妙地

融入外观中，不仅未破坏美感，还为整体造型增添了层次感，提升了现代工业美感，如图 1-64、图 1-65 所示。

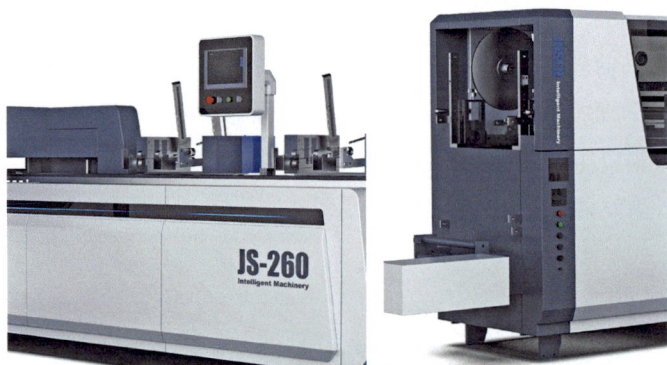

图 1-62　前期显示屏和面板设计方案

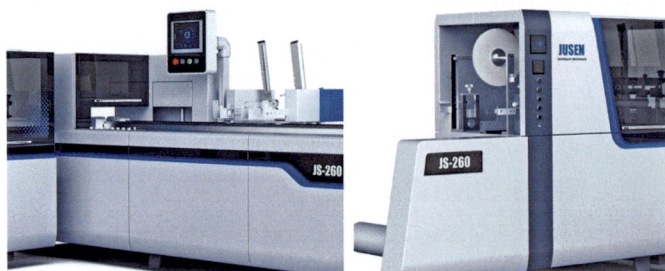

图 1-63　优化后的显示屏和面板设计方案

图 1-64　纸盒包装机初期设计方案

　　这种细化与统一的过程展示了外观设计与工程实现之间的密切配合。通过精确的模型图纸和设计调整，设计师不仅能确保设备外观符合现代美学，还能优化功能性和制造效率，提升了产品的可制造性，并增强了最终产品的市场竞争力。

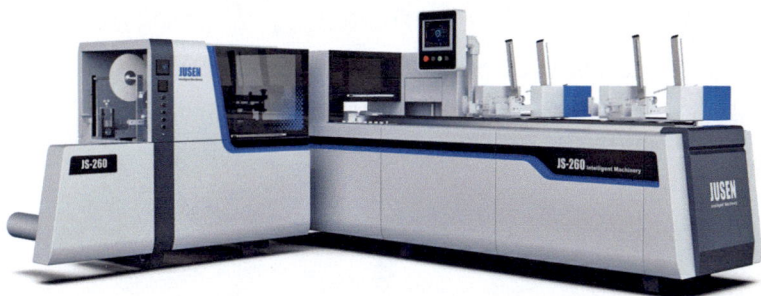

图 1-65　纸盒包装机后期设计方案

（2）制造工艺的相互理解

制造工艺是外观设计得以实现的基础。在创意阶段，设计师通常追求视觉上的冲击力，通过独特的造型和流畅的曲线来提升产品的吸引力。然而，若这些设计概念与制造工艺不兼容，则可能导致生产成本增加、工艺难度加大，甚至影响产品的可制造性。

① 第一次方案：初步设计的挑战　在一款自动化覆膜机的初步设计中（图 1-66），设计师提出了多种大胆的造型方案，包括锐利的边角和复杂的曲面。这些设计在视觉上非常吸引人，但工程团队指出，复杂的曲面和锐利线条使得设备的生产难度大大增加，特别是在钣金冲压和焊接过程中，生产周期长、成本高。工程师还担心，这样的设计可能会影响零部件的标准化和加工效率，如图 1-67 所示。

图 1-66　自动化覆膜机原设备

② 第二次方案：简化设计以符合生产要求　在与工程团队反复讨论后，设计团队对设计进行了第二次优化（图 1-68），简化了部分复杂的造型。通过将锐利线

条改为更为平滑的曲线，减少了急剧的弯曲和锐角，从而降低了加工难度。这一调整使得外观设计在保留原有视觉冲击力的同时，能够顺利通过现有的钣金工艺实现量产。此外，设计师还优化了曲面过渡，确保了加工设备的过程更加平稳，减少了潜在问题。

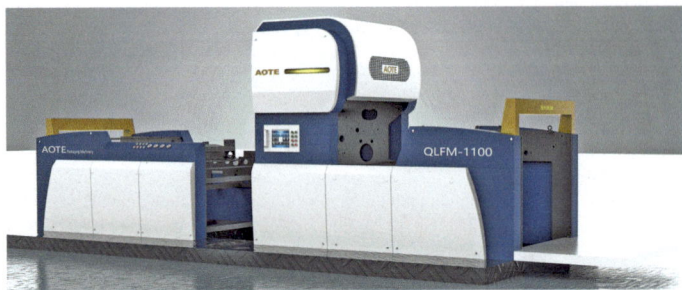

图 1-67　自动化覆膜机第一次设计方案

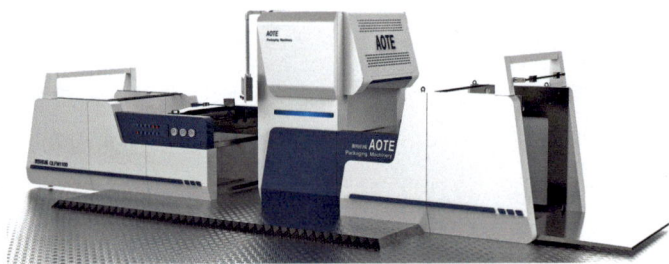

图 1-68　自动化覆膜机第二次设计方案

③ 第三次方案：功能与美学的完美结合　在经历了前两次优化后，设计团队进行了第三次方案调整（图 1-69），进一步提升了设计的功能性与美学感受。团队在外观设计中引入了模块化结构，优化了设备的操作性和可维护性。通过调整设备的模块化布局，确保了设备的生产、运输和安装更加便捷，且提升了稳定性。为了增强视觉效果，设计团队还在设备的核心区域加入了渐变灯光元素，提升了科技感和品牌辨识度。

方案优化中，设计师与工程师密切协作，逐步解决了制造工艺与美学之间的矛盾。最后一次优化后，设计不仅成功克服了生产难度和成本问题，还保持了设备的高端感和现代感，使产品顺利进入量产。这一过程中，设计师与工程师的持续沟通和精确调整确保了外观设计既符合美学要求，又具备实际生产可行性，最终提升了产品的市场竞争力。

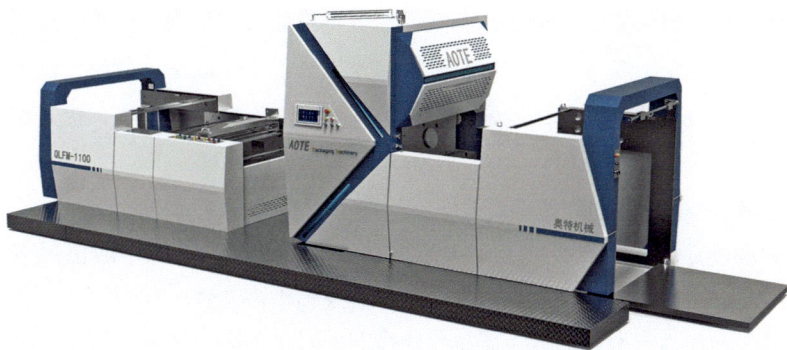

图 1-69 自动化覆膜机第三次设计方案

1.4.2
从材质到成本的设计权衡

外观设计的创新往往需要突破现有形态，而这种创新可能带来材料、工艺和成本的多重压力。如何在这些约束条件下实现设计目标，是设计师与工程师需要共同解决的问题。

（1）材料选择的两难

在外观设计中，材料不仅直接影响产品的视觉效果，还决定了生产成本与产品定位。设计师通常希望通过使用高端金属材料来提升设备的高级感，但这些材料的成本较高，并且对加工精度要求严格。因此，设计师必须在满足视觉效果的同时，控制生产成本，确保材料的可行性。

例如，在某设备的设计中，初期方案提出使用轻质铝合金材料，以提升视觉效果并实现轻量化。然而，工程师指出铝合金的加工难度较大且成本过高，会导致预算超支。最终，设计团队决定将铝合金材料仅用于设备外观的关键区域，如前面板和顶部，其余部分使用高强度复合材料。这种折中方案既保证了视觉效果，又有效降低了生产成本，确保了设备的市场高端定位并保持了合理预算。

（2）制造工序的取舍

复杂外观设计，特别是曲面和锐利线条的使用，往往导致制造工序的增加，从而延长生产周期并增加成本。因此，设计师必须在保持设计整体性的同时，简化造型和工序。

例如，在某设备设计中，初稿采用大面积曲面以提升视觉效果，但这一设计需要多次焊接，增加了生产难度和成本。经过讨论后，设计团队将曲面造型调整为分段式结构，减少了焊接工艺和材料浪费，并提高了生产效率。最终，设备不但保持了流畅的线条感和层次感，还同时确保了高效生产，降低了成本，提升了市场竞争力。

（3）成本控制的压力

在外观设计中，成本控制是至关重要的，尤其是在预算有限的情况下。设计师需要在项目初期明确成本目标，平衡设计需求与生产预算。

例如，在某设备的设计中，初期采用高端材料以突出现代感外观，然而，这一选择导致生产成本超支。经过与财务和工程团队的重新评估，设计团队决定调整材料，采用更经济的表面处理工艺。通过将金属外壳部分区域改为复合材料，并使用喷涂工艺代替昂贵的金属抛光，设计师成功降低了成本，同时保持了设备的高端外观。

1.4.3
案例：纸巾包装盒设备外观设计的创新与务实

（1）初始设计的大胆设想与实际挑战

在一款纸巾包装盒设备的初始设计阶段（图 1-70），设计师提出了一种具有现代感的外观，力图通过简洁的直线与平滑的曲线展现设备的科技感与高端氛围。该设计方案试图通过清晰、稳重的线条来强调设备的专业性，并避免过于复杂的造型语言。然而，在对制造工艺的评估中，设计团队遇到了一些挑战。

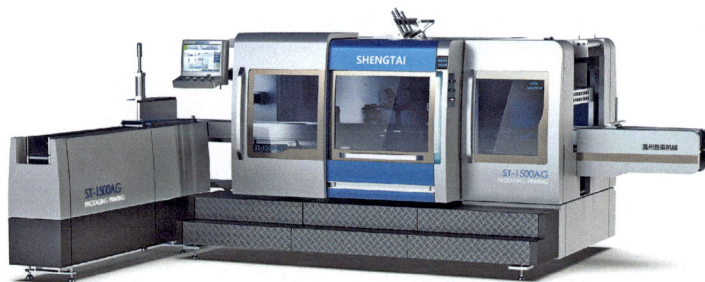

图 1-70　纸巾包装盒设备初始设计方案

① 很高的加工难度　设计虽然简洁，但在实际生产中，需要进行多次钣金切割与焊接，这对工艺精度提出了高要求，并且增加了生产周期和废品率。

② 功能与美感的矛盾　虽然外观设计简洁、现代，但过多的细节和复杂的结构使得设备的功能区布局受到影响，操作便利性有所下降。

（2）创新与务实的结合：优化设计方案

为了解决上述问题，设计团队与工程师和企业方展开了多轮讨论，力求在保持视觉效果的基础上优化制造工艺，并提升产品的功能性，如图 1-71 所示。

① 结构简化与模块化设计　设计师决定将简洁的外观转化为模块化分段结构，这一改动不仅简化了制造工艺，也降低了高精度加工的需求，同时保持了外观的现代感。

② 标准化工艺与零件优化　在设计的优化过程中，工程师建议引入标准化部件，并通过模具化设计减少定制化零件的制造成本。生产工艺的优化使得设备的生产效率得到了提升。

③ 功能性与用户体验的优化　为了提升操作的便利性，设计团队重新规划了操作面板和显示屏的位置。

图 1-71　纸巾包装盒设备初始设计方案

（3）成功实现创新与务实的平衡

最终，通过这些优化，设计不仅保留了原设计的现代感，还解决了制造工艺的瓶颈，优化了设备的功能布局，使操作和维护更加便捷。

这一案例体现了外观设计如何在创新与务实之间找到平衡。设计师通过与工程团队和企业方的紧密协作，将初期的创意转化为切实可行的生产方案，最终推出了既具有视觉冲击力又具备高功能性的产品。这一案例说明，设计不仅是艺术的表达，更是商业需求和技术实现的桥梁。

1.4.4
误区与反思：过度偏重得不偿失

外观设计不仅是视觉上的追求，它需要在创新与务实之间找到微妙的平衡。如果在设计过程中偏向某一方面，往往会给最终的产品带来不必要的麻烦，甚至可能无法实现预期效果。设计师必须时刻提醒自己，设计不仅要"美"，还要"可做"，并且要符合市场需求。

（1）过度追求视觉效果

在外观设计中，视觉效果常常是最先被强调的部分，特别是在市场竞争激烈的环境中，产品的外形可能是决定消费者第一印象的关键。然而，过度追求视觉冲击力却可能带来一系列生产上的问题。例如，在某个项目中，设计团队最初提出了极具视觉冲击力的外观，目的是让产品在市场上脱颖而出。但这样的设计虽然会在视觉效果上造成震撼，却在实际生产中面临许多工艺挑战，如生产周期大大延长，且成本激增，导致该项目最终无法按期交付。这样的"过美"设计，不仅让设计理念背离了市场的实际需求，也可能让企业付出沉重的代价。设计的美感再好，如果不能顺利实现，就会变成一种负担。

（2）过度保守的设计

与过度追求视觉效果产生的影响相反，过度保守的设计往往完全以成本为导向，忽视了外观设计的吸引力。虽然这种设计可以大幅降低生产成本，但却会削弱产品的市场竞争力。简化、平凡的外观设计可能无法给消费者带来足够的吸引力，甚至让产品在市场上失去辨识度。例如，某设备初期设计时，为降低生产成本，选择了极为简洁、传统的外观，缺乏独特性。尽管在工艺上没有复杂要求，但这一设计让产品显得毫无特色，甚至有些过于平凡。结果，设备的销量远不如预期，品牌影响力也未能得到有效提升。产品的外观不仅是功能的载体，它还肩负着品牌形象传播的责任。过度保守的设计虽然成本可控，但却未能通过吸引消费者的注意力为品牌赢得市场份额。

（3）反思与启示

外观设计的成功不仅依赖于创意的突破，更依赖于设计师与工程团队的协作与深度沟通。设计师需要在创意阶段就将务实考虑融入设计中，综合评估视觉效果、制造工艺和成本因素，并与工程师、市场团队等密切合作。通过不断地沟通与调整，确保每一项设计决策不仅能满足美学需求，还能顺利实现生产。

设计的成功是创意、可行性与市场需求的平衡。当创意与技术、成本和市场需求实现有效互动时，设计才能真正落地。优秀的设计不仅是创新的体现，更是对市场动向、生产能力和消费者需求的深刻理解。只有在这些要素之间找到最优的平衡点，才能创造出既有市场吸引力又具备生产可行性的优秀产品，真正实现品牌价值的提升。

1.5　本章小结

1.5.1
设计思维：从理念到行动

设计思维在机械产品设计中如同一条生命线，贯穿整个设计过程，将创新与务实紧密相连。在本章中，我们探讨了设计思维如何从需求洞察入手，通过快速原型的验证与迭代，让创意逐步靠近现实；也分析了设计师如何在复杂的设计环境中平衡功能、美学、成本与市场需求，以系统化的思维方式找到最优解。它不仅是理论的支柱，更是指引产品成功落地的实践指南。

通过案例我们看到，设计思维的魅力在于它帮助设计师在一次次权衡与取舍中赋予机械产品更多的生命力。从功能优化到用户体验，从技术限制到美学表达，设计师通过设计思维，让机械产品不仅运转高效，还拥有令人眼前一亮的外观表现。

1.5.2
探索旅程的延续

设计的故事远未结束。在接下来的章节，我们将继续以设计思维为引领，围绕机械产品设计展开更加深入的探讨，通过不同维度的分析与实际案例的分享，展示设计如何在多元需求中焕发活力。

第 2 ～ 4 章，将以"理论＋实践"的方式展开，在每个部分基础理论后融入实际案例或实操经验，帮助读者更加直观地理解如何将设计方法融入产品外观的规划与实现中。我们将重点聚焦在专业性能优化、系列化与品牌塑造、企业文化与设计语言的融合以及安全性设计，逐步揭示设计思维如何在不同维度中展现价值。

第 5 章将拔高视角，聚焦于机械产品设计中的"共性与差异化"，深入探讨如何通过设计统一产品线的视觉语言，同时让每一款产品在细节上体现独特的魅力。通过案例剖析，我们还总结了设计思维在机械产品设计中的复用方法，为读者提供可迁移的设计思路。

设计不仅是一种解决问题的工具，更是一次不断超越自我的探索旅程。从本章开始，读者将随着设计思维的脚步，穿越技术的重峦，解锁创新的暗门，发现机械产品外观设计的无穷可能性。

第 2 章
专业性与系列化设计的延展

引言

在机械产品设计领域，专业性能与外观美感并非对立，而是一场将"务实与创新"融为一体的艺术追求。随着设备功能日益复杂和市场竞争愈发激烈，机械产品设计不仅需要满足高效性能与精确功能的需求，还需以设计思维为核心，通过统一的外观语言和卓越的视觉表现，彰显品牌的独特魅力。从设备大型化带来的设计挑战，到人机交互优化提升用户体验，从细节工艺的反复打磨，到系列化设计塑造品牌形象，每一个环节都在考验设计师将创新理念转化为可落地的解决方案的能力。

本章将深入探讨机械产品设计中的核心难题与解决策略，主动探索"设计思维"如何助力在功能性与视觉美感之间找到平衡点。通过分析设备大型化对设计灵活性的要求，以及如何在人机界面中实现功能性与舒适性的结合，我们将揭示设计中务实与创新交织的关键技巧。此外，我们还将深入探讨系列化设计的实施方法，展示如何通过统一的设计语言构建品牌的市场辨识度，并通过实际案例揭示这一策略对品牌形象和市场竞争力的直接影响。

在务实中追求创新，在创新中彰显务实，本章不仅揭示机械产品设计中的技术与美学奥秘，还将展示设计如何作为战略工具推动品牌价值的持续提升。这将是一次将创意思维、实际需求与品牌塑造相结合的专业设计之旅，为设计师提供灵感与方法论的全新视角。

2.1 专业功能与高效性能的外观设计

在机械产品设计中，外观不仅要满足美学需求，还需深度契合产品的功能性、性能和用户体验。这种设计不仅考验设计师对技术细节的理解，还要求他们在实现功能性目标的同时，注入巧妙的创意，让外观设计更具吸引力和实用性。尤其是在机械设备中，设计师需要通过精准的造型语言将设备的专业性与高效性能直观展现，帮助产品在市场上脱颖而出。

在这个过程中，设计师既要以务实的态度解决结构复杂、工艺受限等实际问题，也要通过巧妙的创新手法，在满足技术需求的基础上，提升设备的视觉表现和品牌认知度。功能与美学的平衡不仅是一项技术挑战，更是设计思维的体现，为机械产品在市场竞争中创造独特价值。

2.1.1
设备大型化带来的设计难题

（1）功能与结构优化

设备的大型化通常伴随着更复杂的结构布局、更多的功能模块及更加精细的操作界面。随着设备尺寸的增大，内部结构的布局和功能模块的安排也变得更加复杂。管线、控制系统以及传动装置等部件的布置，不仅需要保证设备的高效运行，还要确保外观的简洁性与实用性。这要求设计师在设计过程中不断平衡功能需求和外观的美感，以避免设备外形显得过于杂乱或拥挤。

优化建议：在设备大型化设计中，设计师应采用"外形简洁，内部分区"的设计思路。通过合理分层布置或模块化设计，将不同功能区进行分隔，这不仅能避免设备外观的杂乱无序，还能确保操作更加直观。通过精确的布局，设计师可以确保设备既具备强大的功能性，又不失现代感和简洁性，如图2-1所示。

（2）外观与功能的平衡

设计大型设备时，外观与功能的平衡至关重要。设备的功能性需求可能导致外部部件裸露，而这些裸露的部件往往会影响外观的美感，使设备显得过于"工业化"或"粗糙"。如何避免因过多裸露部件而造成外观上的杂乱感，是设计师在大型设备外观设计中面临的另一个挑战。

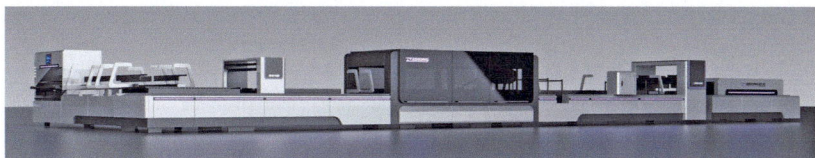

图 2-1　大型设备糊盒机外观设计案例

案例分析：在为某企业设计一款全自动纸盒成型机时（图 2-2），设计团队采取模块化外壳设计，将电气元件和机械部件整合在内部结构中，并通过合理布局避免裸露部件的出现。设计在优化设备外观的同时，兼顾了操作和维护的便捷性，体现了务实的功能需求与创新的视觉表达相结合的设计思路。

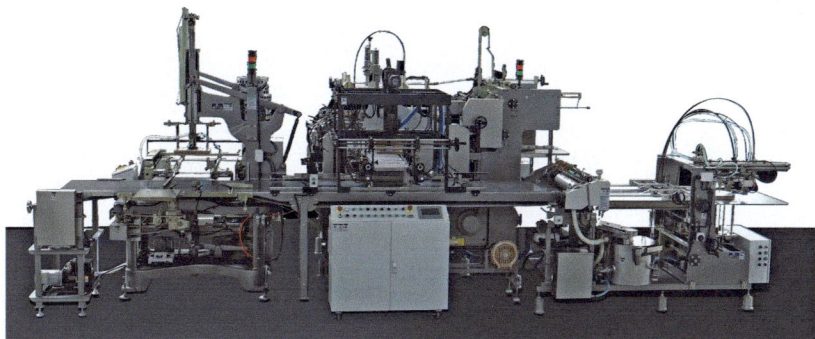

图 2-2　全自动纸盒成型机原设备

通过内外结构的协调处理，设备的现代感与专业性得以增强，同时满足了高效性能的要求。这种设计方法不仅展现了设备的美学与功能的平衡，也暗含了设计师对"务实创新"理念的深刻理解，使产品在市场上更具竞争力，如图 2-3 所示。

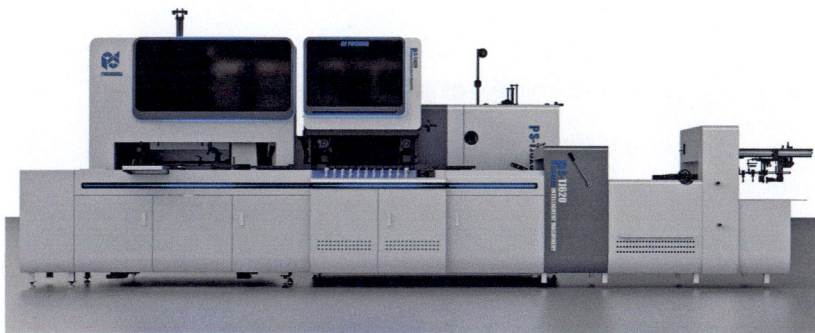

图 2-3　全自动纸盒成型机优化后方案

（3）设计挑战与解决方案

设备大型化带来的挑战不仅局限于外观设计，还涉及生产工艺的可行性、成本控制和用户需求的综合考虑。如何确保在大型设备的设计中，功能与外观达到最佳平衡，是每个设计团队需要面对的重要课题。

优化建议： 设计师可以通过协同工作，与工程团队共同探索设计方案的可行性，确保每个功能模块都能得到充分利用而不会影响整体外观。同时，通过模拟和验证设计方案，优化结构和工艺，避免因过于复杂的设计导致的生产和制造的困难。

通过这些策略和方法，设计团队不仅能够在大型设备设计中实现功能与美学的平衡，还能有效提升设备的市场价值和品牌影响力，确保产品在复杂的市场上脱颖而出。

2.1.2
人机工程与操作界面的协同优化

随着机械设备性能和功能的不断提升，操作界面与人机工程学设计逐渐成为外观设计的核心组成部分。在确保设备的功能需求得到满足的同时，操作界面的设计直接影响着设备的易操作性和用户的使用体验。操作面板、按钮的布局，以及显示器的位置，不仅要符合作业标准，还应最大程度地提高工作效率和操作便捷性。

（1）人机工程学布局

在进行机械设备操作界面设计时，设计师必须充分考虑操作人员的工作习惯、身体特点和工作环境的差异。这意味着，设计时应根据人机工程学原理，合理布置操作面板和控制按钮。重要的控制按钮应安排在操作人员最容易触及的区域，确保其直观易用，减少操作人员在使用过程中可能产生的误操作或不适感。例如，频繁使用的控制按钮应设置在操作人员视线和手部活动范围内，以最佳化使用的便捷性和舒适性。

优化建议： 在设计操作界面时，设计师应考虑不同操作人员的身高和操作习惯，通过调节按钮和屏幕的布局，使之适应多种工作环境。按键的大小和间距需要精确调整，确保无论是站立操作还是坐姿操作，操作人员都能在自然姿势下完成任务。此举不仅能提高效率，还能减轻操作人员的工作负担。此外，设计时要注重视觉效果，操作面板应简洁明了，避免不必要的元素造成视觉混乱，如图 2-4 所示。

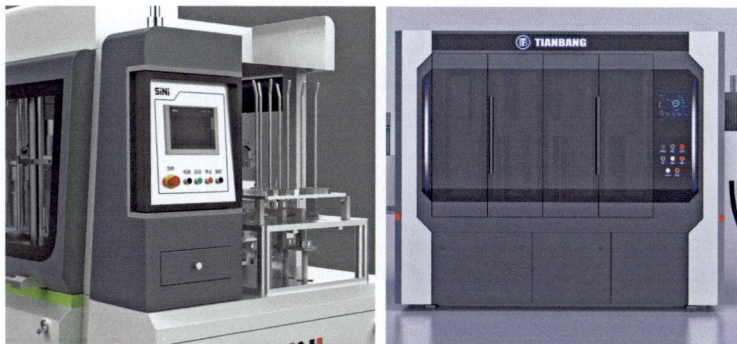

图 2-4　操作界面设计案例

（2）优化交互体验

随着技术的发展，现代机械设备的操作界面不仅要满足基本功能，还应具备一定的智能化和数字化特点。通过智能化触摸屏、高清显示器等高科技元素的加入，操作界面的反馈速度、直观性和视觉效果都得到了大幅提升。例如，触摸屏可以集成多个功能模块，减少机械按钮的数量，使得操作更加简洁、直观和流畅。

优化建议：在设计操作界面时，数字化和智能化的整合能够极大地提升用户体验。例如，触摸屏不仅能够集成更多功能，还能提供动态的图形界面，实时更新设备状态，让操作人员更加直观地了解设备的工作状态。通过集成化和模块化设计，设备的操作界面更加简洁，功能的切换更加顺畅，从而提高了设备的操作效率和响应速度。

　　小贴士：对于需要操作复杂系统的设备，建议采用集成化的触控屏幕或智能显示面板，减少物理按钮的数量，简化界面设计。这种设计不仅使操作面板更加整洁，也使操作人员能够通过直观的触摸界面快速识别和反馈，提高工作效率。此外，良好的交互界面设计可以极大地增强操作人员的使用体验，减少操作错误，提升工作整体的流畅性，如图 2-5 所示。

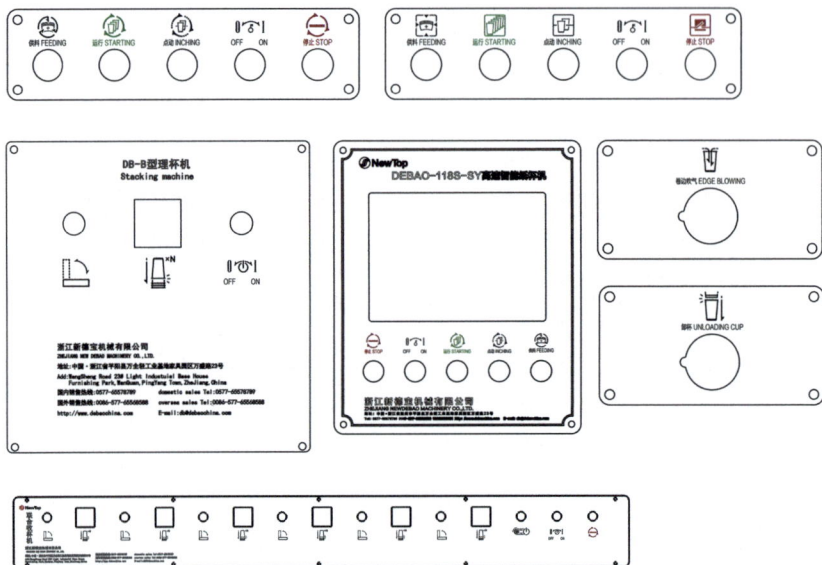

图 2-5　控制面板交互设计方案

2.1.3
案例：纸杯机的人机交互升级

（1）原设备痛点

设计前的纸杯机在外观和功能上存在一些痛点：设备的外观缺乏现代感，操作区域设计不够合理，导致操作人员在工作时需要频繁弯腰或走动，增加了工作负担。电源线、气管和控制箱等分散在设备的不同位置，让设备外观看起来杂乱无章，影响了其整洁度和品牌形象。此外，设备的外壳棱角凸出，设计上的不统一感影响了用户的操作体验和对设备专业性的认知，如图 2-6 所示。

（2）改进后的方案

设计团队对这些问题进行了全面优化。首先，电源线、控制箱和操作面板被整合到主机侧的统一操作区域，并通过一体化外壳将多余的接线隐藏，确保设备外观更加简洁。操作区域进行了重新规划，优化了常用控制区和关键功能部件的布局，缩短了操作人员移动的距离，减少了弯腰和频繁走动，从而提高了工作效率。通过优化设计，不仅提升了设备的操作便捷性，还增加了设备的整洁度和现代感，如图 2-7 所示。

图 2-6 纸杯机原实物和细节

（3）亮点收获

通过钣金改造和人机工程优化，原本零散的设备外观焕然一新，转变为专业、安全且高效的整体设计。优化后的设

备现代感十足，不仅提升了操作便捷性，还增强了视觉吸引力，操作人员的工作更加舒适高效，同时简化了操作流程，展现了务实与创新的结合。

这一改造实现了外观与功能的统一，体现了设计思维在机械产品优化中的价值。从洞察用户需求到解决痛点，设计团队通过精细化设计，赋予纸杯机更强的市场竞争力和用户认可

图 2-7 纸杯机设计效果

度，成功平衡了美学与功能，推动了品牌价值的提升。

2.2 设计细节与优化策略

在机械产品的外观设计中，细节往往决定整体效果。每一个小细节的优化不仅能够提升产品的美感，还能提高其功能性、操作便利性及维护效率。如何对这些细节进行精细化处理，既满足功能要求，又不破坏外观的整体感，是设计师面临的

挑战之一。良好的细节处理不仅能提升产品的专业性，也能提高其市场竞争力，确保设备在外观与功能之间找到和谐的平衡。这种对细节的关注，体现了设计思维中以用户为中心的理念，也展现了务实与创新在实际设计中的有机结合。

2.2.1
螺钉孔、散热孔、接缝等"边边角角"的处理经验

（1）螺钉孔与紧固件隐蔽化

在许多传统设计中，裸露的螺钉孔和紧固件让设备显得粗糙且缺乏精致感。为了提升设备的外观质量，设计师往往通过隐藏螺钉孔或使用装饰件、隐藏式卡扣等方式来保持外部的流畅性与统一感。尤其在现代工业设计中，精致、简洁的外观设计能传递出企业的专业性和对细节的重视。

案例分析：以胶囊填充机为例，原设备的裸露螺钉孔和紧固件让设备显得较为粗糙，缺乏精致感。设计团队在优化中，通过将螺钉孔隐蔽化，采用隐藏式卡扣和内置螺钉，使设备外观更加整洁流畅，避免了外露紧固件对外观的干扰。这不仅提升了外观美感，还避免了灰尘和污垢的积聚，提高了设备的清洁性和卫生性。

在散热孔设计上，设计团队将散热孔与企业标志巧妙结合，不仅保证了散热功能的有效性，还提升了设备外观的整洁感与品牌识别度。这样的设计融合了功能性与品牌元素，展现了企业在设计中的创新和细节关注。

此外，管线布局经过重新优化，管线被合理隐藏，减少了凌乱感，使设备看起来更加精致且便于操作和维护。重新规划的管线不仅提升了设备的整洁感，还优化了使用体验，如图2-8所示。

这些改进展现了机械产品设计中功能与美学的融合，体现了创新与务实的设计理念。设计团队以用户需求为导向，通过功能优化与外观处理，提升了设备的实用性和市场竞争力。案例表明，设计思维能在细节中实现品牌表达与用户体验的平衡，使设计既实用又具视觉冲击力。

（2）散热孔与风道设计

散热孔是许多高性能机械设备必不可少的设计元素，尤其是需要高效散热的设备，散热孔的设计直接影响设备的性能和稳定性。然而，如何将散热孔设计得既能有效散热，又不影响设备的美观，是一个挑战。过多、过于粗糙的散热孔会让设备外观显得杂乱，破坏整体设计的统一性。

案例分析：在高速成型纸杯机的散热孔设计中，设计师采用了艺术化的设计手法，将散热孔排列成几何形状，并选用冲孔板作为外壳的材料。这样不仅保证了散热功能，还为设备增添了独特的视觉效果，达到美观与功能的双重优化。通过这种巧妙的设计，散热孔与外观设计融为一体，整体提升了设备的视觉冲击力，如图 2-9、图 2-10 所示。

图 2-8 胶囊填充机设计前后对比

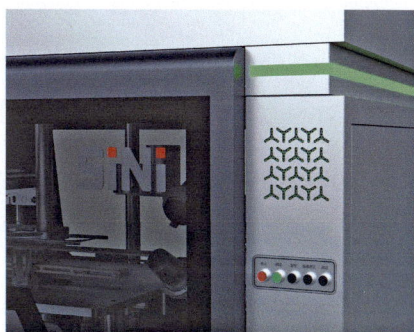

图 2-9 高速成型纸杯机散热孔设计方案

图 2-10 高速成型纸杯机散热孔设计细节

小贴士：设计散热孔时，可以根据外观风格的需求选择适当的形状与位置，以确保与外观设计协调一致。同时，散热孔的排列应有规律，避免设计过于零散，使其既能满足散热功能，又不影响外观的简洁感。

（3）接缝处理与模块拼接

在机械设备的外观设计中，接缝的处理同样至关重要。尤其是在使用钣金或不锈钢材料时，接缝往往显得尤为突出。如果设计不当，接缝容易破坏设备的整体美感，给人留下粗糙、不精细的印象。为了避免这种情况，设计师通过优化，使其在结构强度和美观之间实现了良好的平衡。

优化建议：接缝设计不仅影响设备的视觉美感，还直接关系到其结构稳定性与装配精度。在机械设备的外观设计中，工艺缝与装饰条是优化拼接效果的常见手段，能够有效避免钣金拼接不齐，提升装配精度与整体协调性。

在制造过程中，合理预留工艺缝，可减少加工误差对装配的影响，确保拼接平整。而对于公差较难控制的部位，装饰条不仅能起到遮挡作用，还能增强整体设计的连贯性，使外观更加完整、精致。相比倒角或曲面过渡，这种方式更符合钣金工艺特性，在确保设备美观的同时，也提升了装配的可操作性和耐用性，实现了功能性与设计感的平衡，如图 2-11 ~ 图 2-13 所示。

图 2-11　制鞋流水线设计案例

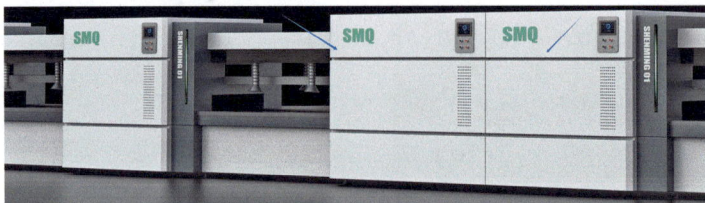

图 2-12　制鞋流水线工艺缝

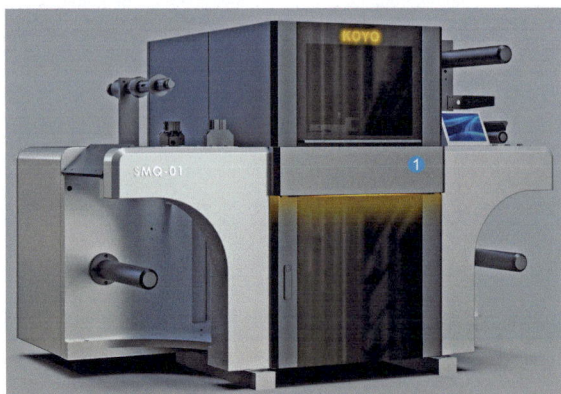

图 2-13　数码模切机装饰条（1 号位置）

2.2.2
钣金、喷涂与机加工工艺要点

（1）钣金折弯的误差控制

钣金折弯是机械设备设计中常见的加工工艺，它涉及将金属板材通过机械压力弯曲成特定的形状。然而，钣金折弯的过程容易受到设备精度和材料弹性的影响，导致一定的误差，进而影响零部件的精确对接以及产品的整体美观。误差过大的钣金折弯可能使零部件无法有效组合，导致外观上出现不规则的接缝或不平整的表面，进而影响设备的视觉效果和功能性。

优化建议：设计师在设计阶段应与工程团队讨论折弯的半径、材料的厚度和余量等细节，确保钣金折弯工艺能够最大限度地减少误差。此外，可以在设计过程中预留一定的加工余量，并通过 3D 建模进行虚拟验证，确保每个折弯的精度。此外，在生产前，设计团队应与制造部门一起进行工艺验证，确保加工过程的精确性和一致性，从而确保最终产品符合设计要求。

（2）喷涂工艺与色彩一致性

喷涂工艺是产品外观设计中的一个重要环节，尤其是在金属外壳和钣金表面处理中。喷涂不仅决定了产品的表面质感，还直接影响产品的视觉效果。色彩一致性是喷涂工艺的关键因素，任何细微的色差都会影响产品的整体外观，尤其是在大批量生产中，如何保证每一批次的颜色一致性和喷涂效果的平整度，成为设计师与生产团队合作中的一个重要挑战，如图 2-14 所示。

图 2-14　喷涂色号比对

案例分析：某制造企业在进行钣金喷涂时，设计师与生产团队共同采用了统一的喷涂工艺，并在喷涂前对设备进行温湿度调控，以保证喷涂环境的一致性。通过这种方式，不仅确保了不同模块部件的颜色一致性，而且确保了喷涂后的表面光滑、平整，提升了产品的视觉效果和质感。此外，为确保喷涂质量，企业还采用了高品质的工业油漆，使得产品不仅具备优良的外观质量，还能在长时间使用过程中维持外观的一致性。

> **小贴士：** 在大批量生产中，标准化和一致性是保证喷涂效果的
> 关键。设计师可以与生产团队一起确定喷涂工艺标准，并进行生
> 产前的环境测试。此外，还应确保喷涂工序的每个环节都达到相
> 同的标准，例如，在喷涂过程中控制湿度、温度以及喷涂压力等
> 环境因素，从而避免因环境变化而影响喷涂效果。

（3）机加件与高精度零部件加工

机械产品中有许多零部件需要进行高精度加工，特别是对于精密零部件和高
耐用性组件，机加工的精度至关重要。精密加工技术，如 CNC（计算机数控）加
工，是确保零部件精度的关键。通过这些高精度的加工方法，可以确保零部件
的尺寸精确度，避免因公差过大导致部件不合格，从而影响整体结构和功能的
稳定性。

> **小贴士：** 在设计高精度部件时，建议与生产团队密切沟通，提
> 前了解加工工艺中的限制和公差要求。设计师应提前选择适合的
> 加工技术，并在设计中考虑到可能的公差范围，避免因过度依赖
> 精度造成制造困难或成本增加。

2.2.3
案例：分组式糊盒机外观细节的多轮迭代

（1）背景

该设备是一款专门用于糊纸盒的高端分组式两折糊盒机（图 2-15），旨在满足
现代化工业环境和严格的安全标准的要求。在设计过程中，除注重高效的功能性
外，设备的外观也被赋予了重要意义。作为一款面向高端市场的设备，其外观设计
需要展现出简洁、精致的特质，以适应现代生产环境对设备外观的高标准要求。设
计团队高度重视每个外观细节的优化，确保设备不仅能满足功能要求，还能展现企
业的技术实力与品牌形象。为了提升设备外观品质和用户体验，团队进行了多轮精
细的外观设计调整。

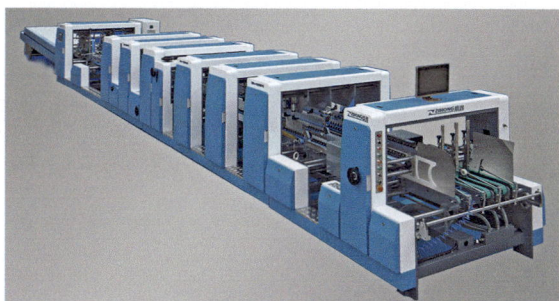

图 2-15 分组式两折糊盒机原实物

（2）迭代要点

① 螺钉孔隐蔽设计 原设计中，设备外部裸露的螺钉孔让设备外观显得较为突兀，不符合现代设备精致外观的标准。为了提升外观质量，设计团队采用了内置螺钉和隐藏式卡扣等设计，将螺钉孔完全隐蔽。通过这种隐蔽化设计，设备表面变得更加整洁、流畅，去除了视觉上的突兀感，呈现出更高端、更简洁的外观，如图 2-16 所示。

② 散热孔设计优化 原设备顶部未设置散热孔，导致设备在运行时经常过热，甚至自动停机。设计团队改进时，添加了散热孔并对其位置和形式进行了精心设计，确保散热效果的同时，也考虑到外观的整洁感。散热孔被设计为规则排布的矩阵，避免了原来散热孔杂乱无章的情况。这不仅改善了设备的散热性能，还提升了设备整体外观的协调性，增强了工业美感。

③ 机组顶部可开启设计 原设备顶部组件开启时需要拆卸螺钉，这不仅增加了操作的复杂度，还影响了维护便捷性。经过优化，机组顶部设计成了可开启结构，不需要拆卸螺钉即可方便地进行操作和维护。这一改进提升了设备的操作性和维护便捷性，使得设备更加适应工业生产环境，如图 2-17 所示。

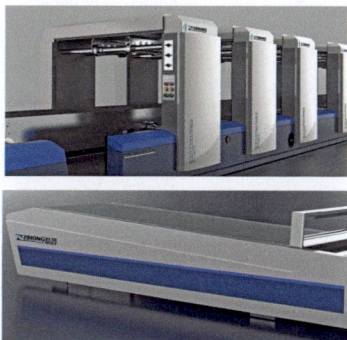

图 2-16 钣金外罩壳无裸露螺钉设计方案

图 2-17 机组顶部可开启的散热孔设计方案

④ 接缝优化　原方案中设备外壳接缝处的设计显得较为生硬，尤其是顶盖与机身的连接处，给人一种不够精致的感觉。设计团队通过创新的造型设计，将接缝部分有效遮挡，使得设备外观更加顺滑、精致。接缝处的优化不仅提升了美观度，还减少了清洁死角，便于日常维护和消毒，提升了设备的整洁度和用户体验，如图 2-18 所示。

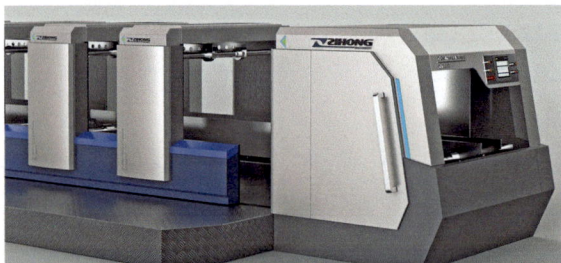

图 2-18　设备前部接缝处设计方案

⑤ 成果与意义　经过多轮细节优化，设备的外观设计得到了显著提升，符合现代工业设备的美学要求。隐蔽螺钉孔、优化的散热孔设计和改进后的接缝处理，使得设备不仅在外观上更加精致，功能性也得到了极大增强。新设计有效解决了设备过热停机的问题，并提升了操作与维护的便捷性。用户对设备的外观与功能性结合表示高度认可，认为优化后的设备更具现代感与实用性。这些设计改进无疑增强了设备的市场竞争力，提升了品牌形象，并帮助企业在激烈的市场竞争中占据了有利位置，如图 2-19 所示。

图 2-19　分组式两折糊盒机设计效果

2.2.4
总结

在机械产品设计中，类似的细节处理案例层出不穷。将螺钉隐藏、散热孔重新设计以及接缝处的优化处理，都是常见且广泛应用于外观设计的方法。这些细节的调整看似微小，却对设备的整体美感和功能性提升起到了至关重要的作用。对于刚开始尝试机械产品外观设计的设计师来说，注重这些细节不仅能显著提升设计效果，还能帮助产品在市场上脱颖而出，提升竞争力。这些实践也充分体现了设计思维的灵活应用，强调务实与创新在细节中赋予产品更多的可能性。因此，精细化的外观设计在机械产品开发中具有不可忽视的价值。

2.3　系列化设计与品牌塑造

系列化设计不仅能提升机械产品的一致性，还在品牌塑造、市场认知度和产品差异化方面起到了至关重要的作用。通过实现产品外观语言的统一，系列化设计帮助企业在市场中建立起强大的品牌识别度。在确保外观统一性的同时，设计师通过运用设计思维，在务实的基础上融入创新，以平衡标准化与差异化，既满足不同市场需求，又增强了品牌的市场竞争力。

2.3.1
系列化设计的实施

（1）外观语言统一
在系列化设计中，外观语言的统一性是关键。所有产品中应使用统一的设计元素，如色彩搭配、图形符号、标志性曲线等，这些元素帮助品牌传递一致的视觉印象，从而提升消费者对品牌的认知度。通过这种视觉上的统一，消费者可以在任何场景中轻松识别出品牌的产品，从而进一步增强品牌的市场存在感和影响力。

例如，采用一致的色调和标志性形状设计，在多个产品中都能看到相似的外观特征，这种统一性不仅提升了品牌的辨识度，还加深了消费者对品牌的记忆。为了保证这种一致性，设计团队必须避免无谓的设计变动，确保每一细节都能体现品牌的核心价值和精髓，如图2-20所示。

图 2-20　两款柔板印刷机系列化设计（色彩、标志性曲线在设计中应用）

优化建议：在推行系列化设计时，设计师需要确保在每一款产品的外观设计细节上都能传达品牌的精髓。避免无序的设计变化，不仅能保障产品外观的统一性，还能加强消费者对品牌的记忆和忠诚度。每一次设计更新，都应基于既定的品牌形象进行调整，避免外观上的过度分化。

（2）模块化设计

模块化设计是实现系列化设计的有效手段。通过模块化设计思维，不同型号的设备可以共享相同的设计元素和结构模块，从而确保产品外观的一致性，同时提升生产的灵活性。设计师可以在功能不同的产品之间共享外观组件，这不仅能减少生产和设计时间，还能有效降低成本。

案例分析：以纸袋制袋机为例，在模块化设计的实施过程中，设计团队在初期就明确了各设计元素的"标准模块"，以便后续新产品可以直接基于这些标准模块进行调整和定制。这样不仅大大节省了设计时间，还能够在保障外观统一性的同时降低生产成本。

这三款纸袋制袋机采用模块化设计，功能模块（如上料、切割、折叠、封口）以独立区块呈现，并通过合理的组合实现不同规格、不同类型纸袋的生产。根据市场定位调整设备功能与结构

① 全自动圆绳纸袋制袋机　针对生产复杂纸袋的需求，这款设备适配带有多个把手、提手等复杂结构的纸袋制作工艺。其设计注重模块化与灵活性，顶部配置

辅助操作平台，用于复杂组件的安装和调试。同时，通过优化功能模块的垂直布局，提升了生产效率，如图 2-21 所示。

图 2-21　全自动圆绳纸袋制袋机设计案例

② 多功能纸袋制袋机　服务于常规纸袋生产需求，适用于大部分中等复杂度纸袋的生产。其操作界面集中布局，便于用户快速切换生产模式，如图 2-22 所示。

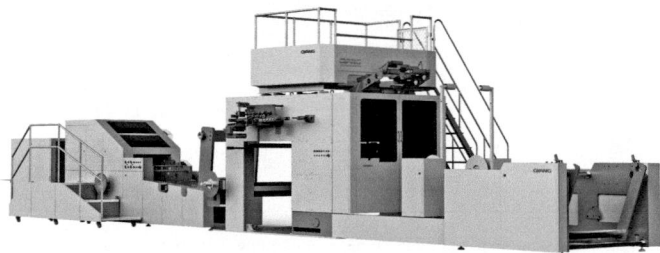

图 2-22　多功能纸袋制袋机设计案例

③ 半自动纸袋制袋机　面向生产简单结构纸袋的用户，如没有把手或附加设计的基础纸袋。这款设备具有高性价比和操作简易的特点。设备外观采用一体化设计，体积轻便，功能布局简洁、高效，特别适合中小型企业或初创用户的日常需求，如图 2-23 所示。

图 2-23　半自动纸袋制袋机设计案例

尽管三款设备市场定位不同，但都保持了模块化设计的统一性。无论是针对复杂纸袋生产需求的全自动圆绳纸袋制袋机，还是满足常规纸袋生产需求的多功能纸袋制袋机，或是面向基础纸袋生产的半自动纸袋制袋机，模块化设计都为每款产品提供了灵活性与高效性，同时确保了外观的一致性。这种设计充分运用了设计思维中的系统化与创新性思考，在务实的模块化架构下实现了对多样化市场需求的精准响应。

（3）适应市场需求

尽管系列化设计要求外观具有一致性，但不同型号产品可能面临不同市场需求和功能要求。在这种情况下，设计团队需要对外观进行细微的调整，以确保每个型号的产品不仅能够满足特定市场细分的需求，还能不偏离品牌的整体形象。这种灵活调整能够确保品牌在满足不同消费者需求的同时，依旧保持统一的视觉识别性。

案例分析：在为某分切机设备企业进行设计时，设计团队通过型号和机型的系列化设计，成功满足了不同用户群体的需求。根据功能区分，分为分切机和分条机；根据价格差异，则有智能、全自动和半自动等多种。例如，半自动款专为中小型企业设计，优化了生产效率和成本控制，适合日常生产；而智能款则面向大批量生产，提升了性能和稳定性，适合高负荷的生产环境。通过系列化设计，企业能够精准服务不同规模的客户，提升生产效率并增强市场竞争力。

图 2-24　全自动分切机原设备

这种系列化设计策略不仅加速了产品的上市进程，还有效节省了生产成本。尽管保持了品牌的一致性，但高端型号在外观设计上进行了差异化处理，以突出其高端定位，同时满足了不同功能需求，实现了市场细分与品牌统一的平衡。这展现了设计思维在系列化与灵活性方面的运用，如图 2-24、图 2-25 所示。

策略建议：在实施系列化设计时，设计团队应制定清晰的设计标准和模块化流程，确保在不同型号的产品的设计中，外观语言能够保持一致性。同时，模块化设计的使用可以降低产品后期开发的复杂度，使得设计团队可以在保证统一性的前提下，迅速响应市场变化，推出满足不同需求的产品。

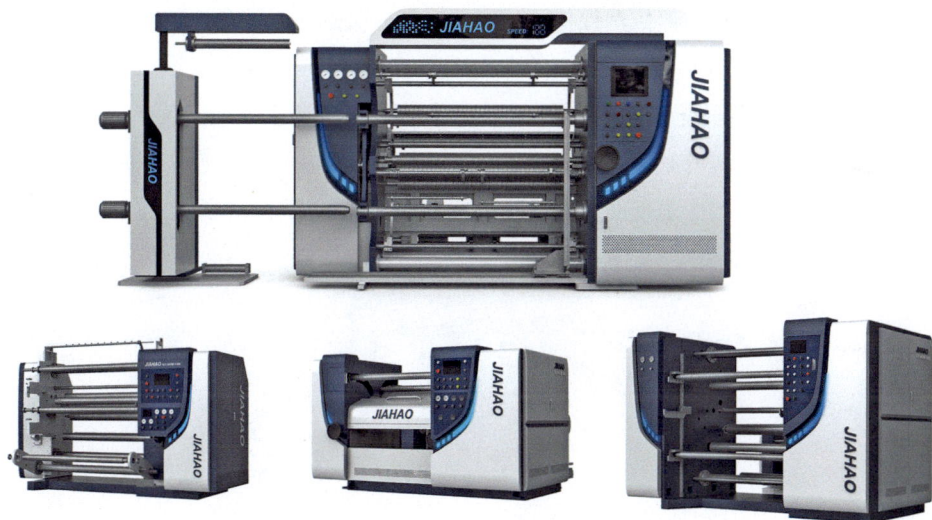

图 2-25　全自动分切机系列化设计方案

2.3.2
统一外观语言与市场定位的差异化

（1）跨机型的一致性

无论是高端设备、大型设备还是小型设备，外观设计应保持一定的一致性。企业可以通过统一的设计语言，确保不同类型和功能的设备在外观上呈现统一感，这不仅帮助品牌在市场上建立深刻印象，还能增强品牌的辨识度。跨机型一致性的设计通常通过色彩搭配、设计曲线、标志性元素等方式来实现，从而让消费者一眼就能识别该品牌。

案例分析：设计团队在为某制造企业设计多款机械设备时，确保所有设备在色彩、设计曲线和外形上遵循一致的视觉语言，同时根据不同的市场需求对功能布局进行定制。以五合一纸袋机、成型封层机、复合模切机等设备为例，尽管它们在功能和规模上有所差异，设计师依然保持了相同的外观设计风格。所有设备的顶部都配有装饰件，并且中间嵌入统一的灯带元素，确保视觉上的一致性。造型方面，所有设备采用统一曲率的曲面设计，呈现出简洁、流畅的外观，保持视觉上的高度统一。

在材质和细节设计上，设计团队根据不同设备的市场定位进行了差异化处理。高端设备选用了更加精致的材质和细节设计，以体现其高端价值，而小型设备则侧重于简洁实用的设计，但依然保持了与高端设备一致的品牌形象。这样的设计不仅传递了企业的创新精神，还以务实的方式平衡了市场需求与生产成本。

这种统一与差异化的结合，展现了设计思维在产品系列化方面的灵活应用，不仅满足了不同市场的功能需求，还强化了品牌在视觉上的一致性与识别度，为企业在竞争激烈的市场中赢得了更大的优势，如图 2-26 ~ 图 2-28 所示。

图 2-26　五合一纸袋机设计方案

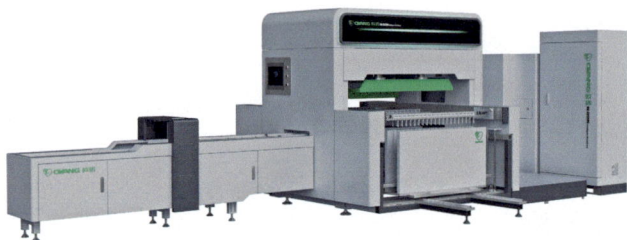

图 2-27　成型封层机设计方案

（2）功能差异化

在保持统一性的基础上，设计师可以根据不同功能需求和细分市场，对细节部分进行调整，例如操作面板布局、按钮位置、显示界面等。这些调整有助于提升不同型号产品的功能性和用户体验，确保产品既能满足普遍需求，又能在特定市场中具备竞争力。例如，高端型号可能配备了更多的操作功能和更复杂的显示界面，而基础型号则简化了这些功能以降低成本并提高操作便捷性，如图 2-29、图 2-30 所示。

图 2-28　复合模切机设计方案

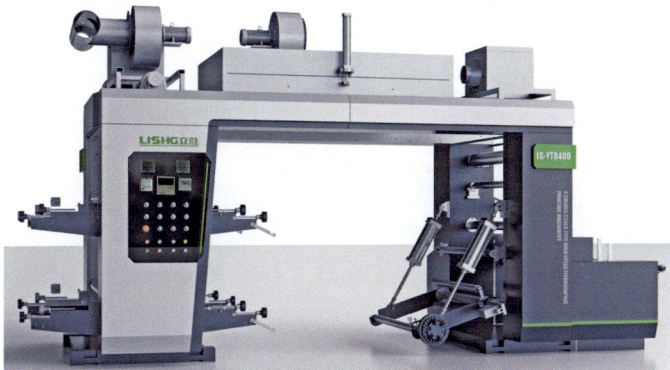

图 2-29　升级版四色层叠柔板印刷机操作界面

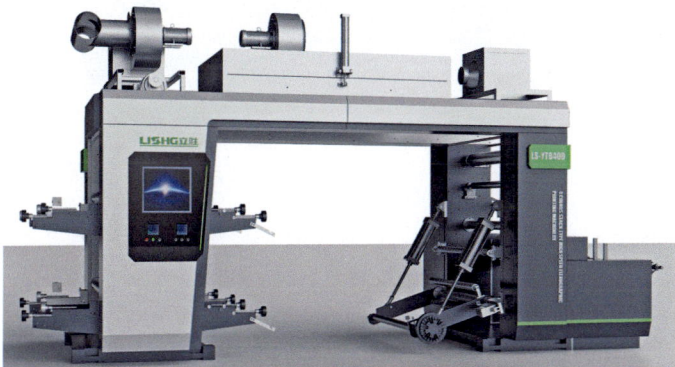

图 2-30　普通版四色层叠柔板印刷机操作界面

优化建议：在进行差异化设计时，设计团队应深入了解目标市场的需求，确保调整是针对具体功能和用户体验的提升，而非盲目增加外观变化。避免过度的外观差异化，避免破坏品牌的视觉一致性，确保产品在不同功能间的统一性与连贯性。差异化应保持在合理范围内，避免让消费者对品牌产生混淆。

（3）定位差异化

在面对不同市场定位时，设计师可以通过调整外观细节来突出产品的独特性和品牌特色。例如，配色、材料使用以及表面处理等元素可以根据目标市场的审美偏好进行调整，以满足特定用户群体的需求。高端市场可能偏好奢华的质感和现代的设计风格，而大众市场可能更注重简洁、实用的外观。这种"统一中有差异"的设计理念帮助企业精准定位产品，并提升品牌的市场渗透力，如图 2-31、图 2-32 所示。

图 2-31　高配版全自动数码印刷机

图 2-32　普通版全自动数码印刷机

　　小贴士： 在推出新产品时，适当的外观差异不仅能满足细分市场的需求，还能帮助品牌更好地进入新市场。大胆的设计调整能够吸引新客户，但要始终确保这些变化是基于市场研究的，并能够强化品牌形象。同时，差异化设计应根据不同的市场定位，结合实际需求和品牌策略，做到有的放矢，以确保产品在市场上脱颖而出。

　　通过适度的差异化，企业不仅能提高产品的市场适应性，还能在保证品牌统一性的同时，满足多样化的客户需求，这在激烈的市场竞争中无疑能够为品牌赢得更多的市场份额和消费者认可。

2.3.3
案例：设备家族化设计的"一致性"与"差异化"

　　在多个型号机械产品的设计演变过程中，设计团队巧妙地运用了系列化设计理念，将统一的外观语言与差异化的设计细节完美融合。这一创新转变不仅显著提升了品牌的市场竞争力，还为企业的系列产品赋予了独特的家族化设计特征，使其在众多产品中脱颖而出。

（1）最初状况

面对原有设备（图 2-33），设计团队发现该企业的产品在外观风格上缺乏统一性、色彩、操作面板、机体线条等元素未能有效形成一致的品牌形象。尽管每款设备的外观尚可，但由于造型各异，客户难以在不同型号间形成清晰的品牌联想，这不仅影响了品牌形象，也削弱了其在市场上的辨识度和竞争力。团队敏锐地意识到了这一问题，决定通过重新审视品牌形象，探索一致性与差异化的平衡，从而强化品牌认知，并赋予产品独特的家族化设计特征。

(a) 智能无纺布制袋机　　　　　　　　　　(b) 高速凹版印刷机

(c) 无纺布制袋烫把一体机　　　　　　　　(d) 数码印刷机

图 2-33　某机械制造企业原设备

（2）改造方法

① 统一色彩方案　设计团队通过确定主色和辅助色的搭配，并统一喷涂工艺，确保所有设备呈现一致的色彩效果。所有设备整体以白色为主，辅以黑色增添高端感，绿色点缀突出企业色，同时灯光色彩也保持统一，进一步强化品牌形象的统一性。这种色彩上的统一不仅提升了品牌辨识度，还增强了视觉连贯性，使系列产品在视觉上形成有机整体，为家族化设计奠定了坚实基础。

② 品牌识别元素　每台设备在显眼位置展示了企业的品牌标志，并用统一设计的绿色灯带进行点缀，进一步增强了品牌的视觉识别度。这种设计确保消费者能够迅速识别品牌，强化了品牌在市场中的独特性。统一的灯带设计不仅提升了设备的科技感，还成为家族化设计的重要视觉符号。此外，设备部分区域统一的造型曲

面设计也进一步统一了系列产品的外观，使其在视觉上保持一致性。

③ 模块化设计　设备的结构设计采用了模块化特征，使不同机型之间在保持一致性的同时，具备一定的差异化。这种设计不仅提高了生产的灵活性和效率，还满足了不同的市场需求。模块化的设计语言在家族化设计中发挥了关键作用，使不同型号的产品在外观上保持了高度的相似性，进一步强化了家族化特征。

④ 外观差异化　设计团队通过调整不同机型的尺寸和细节，确保了产品之间的差异化。这种差异化不仅满足了不同市场定位和功能需求，还保留了家族化的设计特征。例如，通过调整设备的高度、宽度和操作面板的布局，每款设备在功能上各有侧重，但在整体视觉上仍保持一致的家族化风格。无论是高速凹版印刷机的高效布局，还是智能无纺布制袋机的现代化设计，每款设备都在家族化设计的框架下展现出独特的功能与美学价值。

(a) 智能无纺布制袋烫把一体机

(b) 高速凹版印刷机

(c) 数码印刷机　　　　　　　　　(d) 无纺布制袋机

图 2-34　某机械制造企业改造后设备

（3）成果与意义

通过家族化设计的应用，企业不仅提升了设备的专业性，还显著增强了品牌在市场中的辨识度和竞争力。用户对产品的认知度和认可度大幅提高，品牌形象得到了进一步巩固。设计团队在深入洞察市场需求和用户痛点的过程中，确保产品外观既保持品牌的统一性，又通过功能细节满足多样化的市场需求。这一过程实际上体现了设计思维中"同理"与"定义"阶段的关键作用。最终，这种结合务实与创新的设计策略，不仅成功解决了同类型设备在外观上缺乏差异化的问题，还帮助企业在竞争激烈的市场上脱颖而出，赢得了更多关注与机会。

2.4 系列化设计对市场竞争力的提升

系列化设计在品牌塑造和市场竞争力提升中发挥着重要作用。通过统一的外观语言和模块化设计，企业能够更高效地适应市场需求，同时满足不同消费者的多样化期待。这种方法不仅提升了产品的市场适应性，还通过精准的设计策略解决了统一性与灵活性之间的平衡问题，为企业在竞争激烈的市场中提供了务实而高效的解决方案。

2.4.1
品牌认知度与系列化设计的关系

（1）增强品牌形象的一致性

在竞争激烈的市场环境中，品牌的一致性不仅体现在设计语言上，更体现在整个品牌形象的统一上。系列化设计有助于强化品牌的形象传播，通过整合外观、功能、材质、包装等多方面元素，确保每一款产品都能够在视觉和感知上与品牌形象高度契合。这种一致性使品牌在消费者心中形成深刻印象，提高了品牌的市场记忆度，也使品牌的各类产品在不同场景中更具辨识力。

① 跨产品统一性　在进行系列化设计时，不仅要保证单一产品线内部的设计统一，还要确保跨不同产品线的视觉统一。例如，在推出不同类型或不同功能的产品时，可以通过共通的设计元素（如品牌标志、色彩搭配、造型风格）来强化品牌形象的一致性，如图 2-35、图 2-36 所示。

② 细节管理　品牌形象的统一性不仅体现在大方向上的设计规划，更体现在每一个精心打磨的细节。无论是外部外观的整洁性，还是操作面板、按钮、标签的设计，都应与品牌的核心理念保持一致，从而传递出统一而有力的品牌信息。这种

细节上的一贯性能够增强消费者对品牌的认同感，让他们在不同产品的使用过程中始终感受到品牌的"温度"，进而加深对品牌的忠诚度。

图 2-35　天地盖纸盒包装机

图 2-36　皮壳纸盒包装机

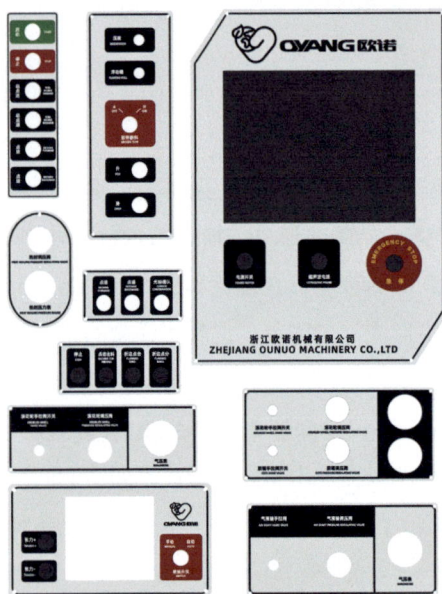

图 2-37　某机械企业操作面板设计方案

a. 操作面板界面统一设计。操作面板是用户与设备进行互动的核心部分，其设计直接影响用户体验。统一设计的操作面板不仅能够提升设备的美观性，还能够提高操作的直观性和易用性。设计师可以通过在所有设备中保持一致的按钮布局、图标设计和交互模式，帮助用户快速上手，减少学习成本。通过标准化的操作面板界面设计，设备能够在不同型号或系列间保持视觉上的一致性，同时也体现了品牌的高效性与专业性，如图 2-37 所示。

b. 字体风格统一设计。品牌的字体风格是品牌个性和文化的重要传递方式。统一的字体风格设计确保品牌的不同产品和产品在不同应用场景中的一致性，使消费者快速识别品牌。在机械产品设计中，品牌字体风格应体现在设备名称、型号和操作面板等位置。统一的字体、字号和排版方式，不仅提升了品牌的辨识度，还增强了专业感和规范性，如图2-38所示。

c.操作系统统一设计。在现代机械产品中，操作系统的界面设计也至关重要。为了确保用户体验的连贯性，设计师应当对所有相关设备的操作系统界面进行统一规划，包括显示内容、按钮风格、交互流程等元素的统一设计。通过一致的操作逻辑和界面风格，用户在不同产品间的操作切换更加流畅，提高了设备的易用性。操作系统的统一设计不仅提升了品牌的整体形象，还增强了用户的信任感，使品牌显得更加成熟和可靠，如图2-39所示。

图 2-38　某机械制造企业不同型号机械的字体风格设计

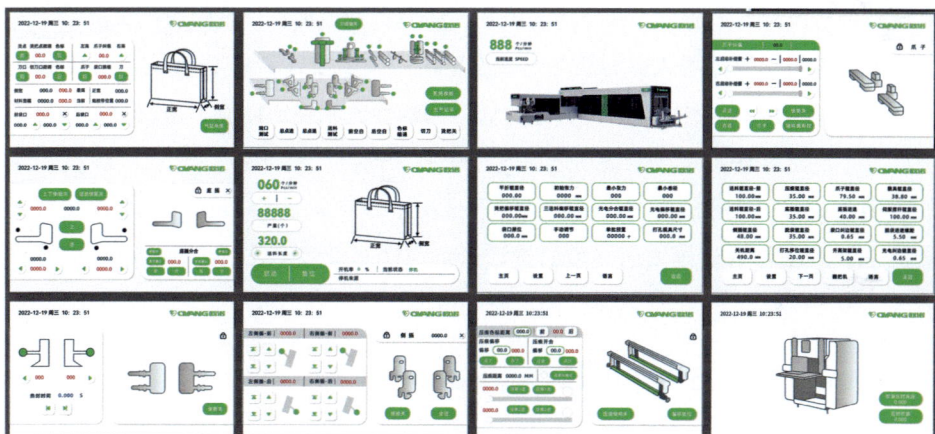

图 2-39　某设备操作系统界面设计

（2）提高市场信任度

通过外观设计的统一性，品牌能够在消费者心中构建起深厚的认知网络。每次购买决策往往都建立在对品牌外观信任的基础上。统一的设计语言不仅增强了消费者对品牌的熟悉感，还能有效降低选择的心理负担。消费者可以通过外观轻松识别品牌，并在此基础上建立起信任感。无论是新用户还是老用户，看到系列化设计的产品，他们都会立即联想到该品牌的稳定性、可靠性与高品质。

① 强化信任机制　品牌应确保设计语言在每款新产品中延续，从而加强对消费

者传递信任。无论是新产品的外观设计，还是功能创新，都应在符合品牌核心理念的基础上进行更新。通过在设计中融入经典元素并加以优化，品牌能够向消费者传达出稳固和可靠的信息，进一步增强消费者的信任感。例如，可以通过延续的色彩、图标设计或特定的材料质感，让消费者在接触到新产品时感受到熟悉感和安心感。

② 情感层面的信任传递　品牌的外观设计不仅传递理性的信息，还能在情感层面使消费者建立起归属感。通过系列化设计，品牌能够使用一致的视觉语言并将其核心价值观传递给消费者，增强品牌与消费者之间的情感共鸣。这种情感上的共鸣进一步巩固了品牌的市场地位。品牌的"温度"通过每一款产品传递，消费者会感到被品牌关注和尊重，从而形成深厚的品牌忠诚。

③ 减少选择成本　品牌的系列化设计帮助消费者在众多选择中快速识别出该品牌的产品，从而减少他们的选择成本。消费者更倾向于选择他们熟悉并信任的品牌，这种设计一致性减少了他们做出购买决策时的犹豫与不安。统一的外观设计能够让品牌从视觉上营造出一种稳定的感知，使消费者更加自信地做出购买决策。

案例分析：设计团队曾为某无纺布设备生产企业设计了诺18型无纺布纸袋机（图2-40），专为中小型企业量身打造。凭借高性价比和稳定性能，这款设备在市场上赢得了广泛好评，并且销量在过去三年中稳居同类产品前列。基于诺18型积累的市场认知度和品牌信任，设计团队随后推出了针对高端客户的诺19型无纺布纸袋机（图2-41）。通过延续前一型的设计语言与性能优势，并结合高端市场的特殊需求，诺19型一经推出便迅速占领了高端市场。

图 2-40　诺 18 型无纺布纸袋机

这种系列化设计策略既是对"务实"理念的坚守，也是"创新"思维的体现。在设计思维的"定义"与"创意"阶段，团队深入分析了市场反馈和客户需求，通过在诺18型基础上的优化创新，实现了品牌形象的延续和高端市场的突破。消费者因对诺18型的信任与熟悉，大大降低了对新产品选择的成本，加快了诺19型的市场渗透速度，同时提升了品牌的整体市场竞争力。这一过程生动展示了如何在设计中实现品牌传承与创新突破的完美结合。

图 2-41　诺 19 型无纺布纸袋机

2.4.2
如何平衡统一性与差异化

尽管系列化设计强调外观的统一性，但面对不同市场和产品的需求，设计师仍需在统一中实现适度的差异化。通过适当调整外观细节，满足不同市场的需求，同时保持品牌的一致性和专业感，是系列化设计成功的关键。

（1）满足不同市场需求

每个市场都有其独特的需求和偏好，系列化设计需要在外观上做出适当的调整，以适应不同消费群体的审美和功能需求。通过在颜色、材质、设计细节等方面的差异化处理，企业可以更好地满足不同市场的需求。举例来说，高端市场往往偏好奢华、高品质的材质和精致的细节，而大众市场则可能更注重产品的实用性与成本效益。因此，设计师需要根据目标市场的定位和消费需求，巧妙地在外观设计中做出调整，确保产品能够满足各类消费者的期望。

案例分析：在系列化设计中加入灵活性，确保在产品外观的核心元素上保持一致性，但在细节部分根据市场需求进行微调。例如，在设计纸碗机设备时，设计团队根据市场定位进行了精细区分。在高端市场，采用更高质量的材质，如金属质感面板和大面积玻璃门板装饰，并在加工工艺上追求精致的造型曲线和复杂的制造工艺，以确保产品具有奢华感与精细度。而在大众市场，选择更具成本效益的材料，如小面积玻璃门板和简化的金属部件，通过简洁的线条设计来降低生产复杂度并控制成本。

尽管针对不同市场进行了差异化设计，设计团队始终运用统一的色彩搭配、造型语言和标志性元素，确保这些产品在外观上高度系列化，与品牌调性保持一致。这些细节的调整不仅满足了不同消费者的审美需求，还帮助品牌在多样化的市场中占据一席之地。这种设计策略既体现了对"务实"理念的贯彻，也展现了"创新"思维的灵活运用，在实际设计中通过细节调整实现了功能性、品牌一致性与市场差异化的平衡，如图 2-42、图 2-43 所示。

（2）避免过度差异化

在追求差异化的同时，设计师必须确保不让产品外观偏离品牌形象。过多的差异化可能导致消费者对品牌的认知混淆，降低品牌的辨识度。例如，如果过度改变色调、形状或设计风格，可能导致消费者对该品牌的辨识度下降，甚至使品牌的不同产品之间产生割裂感。因此，设计师应始终确保差异化设计不超出品牌统一形象的范围，以确保消费者能够在所有产品中看到一致的品牌特征。

图 2-42　高端纸碗机设计案例

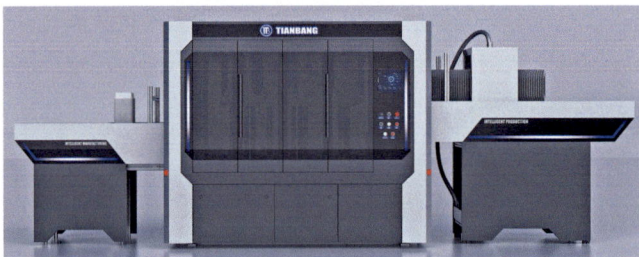

图 2-43　普通纸碗机设计案例

2.4.3
系列化设计对市场竞争力的直接影响

（1）增强市场适应性

系列化设计使得企业能够快速响应市场变化，提供符合市场需求的多样化产品。这不仅提升了企业的市场适应性，还增强了品牌在行业中的竞争力。统一的设计语言为品牌提供了强大的市场识别度，而模块化的设计则确保了产品能够适应不同的消费需求和功能要求。通过这种方式，企业能够在快速变化的市场环境中稳步扩展产品线，及时推出符合市场发展趋势的产品。

策略建议：企业应充分发挥系列化设计的优势，通过模块化和标准化组件的设计，在不同型号产品之间实现资源共享，从而提高生产效率、降低成本。设计师应与市场团队密切合作，深入了解各市场和消费者的需求，灵活调整设计细节，确保产品能够快速响应市场变化。通过对功能模块和设计元素的标准化处理，设计师可以在保持系列化设计的同时，实现设计的灵活性和可扩展性，满足不同细分市场的需求。

此外，设计师需要时刻关注品牌核心价值，确保所有产品在外观和功能上既能展现一致性，又能传达品牌的独特调性，进一步增强企业的市场适应性和竞争力。

（2）加速产品上市

通过系列化设计，企业能够在相同设计框架下开发多个型号的产品，减少开发周期和研发成本。这种高效的设计流程使得企业能够快速推出新产品，以满足不同市场的需求，并抓住市场机会。借助系列化设计，产品的开发流程得到优化，产品能够在较短时间内投入市场，实现对需求的快速响应。

案例分析：一家覆膜机设备制造公司通过系列化设计快速推出了三款不同功能的覆膜机。尽管这些机型在功能上有所区别，但它们都共享相同的设计语言和部分结构模块。这种设计策略在保持品牌一致性的同时，也确保了研发和生产的高效性。通过模块化的思维，设计团队在产品开发中实现了灵活性与规范性的平衡，不仅大幅缩短了研发周期，还帮助公司快速响应市场需求，推出符合消费者期望的新产品。

新产品的快速上市帮助该公司抢占了市场先机。设计团队结合模块化策略的务实性与差异化设计的创新性，既满足了多样化功能需求，又强化了品牌的一致性和辨识度。这种设计方法充分展现了设计思维在机械产品开发中的应用价值，使企业在竞争中脱颖而出，如图2-44所示。

策略建议：为了加速产品上市，企业应在设计阶段尽早确定核心模块，确保不同型号的产品能共享相同平台并快速迭代。设计师应专注于模块化设计，同时确保外观语言的一致性，这不仅能降低开发成本，还能加快产品推出速度。通过简化设计流程和标准化组件，设计师可以更高效地响应市场需求，快速推出符合消费者期望的新品。

图 2-44　三款不同功能覆膜机设计案例

（3）降低生产和运营成本

系列化设计通过标准化和模块化生产降低了生产成本，提高了生产效率。这不仅优化了资源利用，还降低了企业的整体运营成本，使企业能够在竞争激烈的市场中保持价格优势。企业能够通过批量生产相同模块和组件减少库存成本和生产线调整成本。

策略建议：企业应通过标准化零部件和模块化设计，优化生产流程，降低生产和运营成本。设计团队应着重提高产品模块的复用性，减少生产中的浪费，并确保零部件能够广泛适用于不同型号的产品。通过精简生产环节和优化资源配置，企业能够在确保产品质量的同时，保持低成本竞争优势。

（4）提高消费者忠诚度

统一且专业的设计语言有助于提高消费者对品牌的忠诚度。当消费者在品牌系列中找到符合其需求的产品时，便会形成更强的品牌黏性。消费者对一致且具有品质保障的外观设计更易产生信任，从而愿意持续购买品牌的其他产品。系列化设计让消费者在看到品牌系列中的其他设备时，能产生连贯的品牌印象，增强品牌的忠诚度。

2.5　本章小结

机械产品设计是一门将技术性能与美学表达深度融合的科学与艺术。本章从多个设计维度切入，剖析了机械产品设计中的核心问题与应对之道。无论是设备大型化带来的外观挑战，还是人机工程学优化对用户体验的提升，抑或是系列化设计对品牌塑造与品牌市场竞争力的增强，都展现了设计师在复杂需求中寻求平衡。

我们探讨了如何通过对螺钉孔、散热孔等细节的精心处理展现产品的专业性与品质感，分析了高速设备中散热管理与安全防护的设计平衡，并通过系列化设计案例展示了如何将"一致性"与"差异化"有机结合，为品牌赋予更高的辨识度和市场吸引力。这些设计实践不仅突显了对实际需求的务实应对，也体现了创新设计在提升产品价值中的潜力。

机械产品设计不仅是技术实现的过程，更是品牌精神的延续与表达。通过务实与创新的设计思维，使每款产品不仅满足功能需求，还在细节中彰显美感与文化价值。希望本章的内容能启发读者，让机械产品设计成为技术与品牌齐头并进的精彩实践，让每件产品都兼具实用性和感染力，成为市场中独特的符号。

第 3 章
企业文化与产品特色的结合

引言

在激烈的市场竞争中，企业文化不仅是公司内部的精神支柱，更是品牌的灵魂。企业文化通过每一款产品的设计，与消费者建立起深层次的情感连接。在机械产品领域，企业文化更像是产品的生命核心，设计师通过对色彩、材料和工艺的巧妙运用，将品牌理念转化为具体的外观语言，使产品不仅满足工业性能需求，更成为传递品牌价值的"有机体"，使品牌在市场上脱颖而出。

机械产品设计中融入企业文化，体现在设计语言与整体风格的和谐统一。通过统一的外观风格与细节处理，设计不仅提升了产品的视觉吸引力，还为品牌赋予了强烈的辨识度。与此同时，设计师需要以务实的方式解决产品的功能需求，通过创新性的细节处理，为机械产品注入更多情感维度，使消费者在使用中感受到品牌的温度与独特魅力。这种设计不仅是美学与功能的平衡，更是文化表达与用户体验的深度融合。

如何在实际设计中将这些理念付诸实践呢？本章将通过真实案例，详细剖析从文化提炼到设计落地的关键步骤。设计团队需要深入挖掘企业的核心价值，将抽象的品牌理念转化为具象的设计元素，并在"设计思维"的指导下，将这些元素融入外观设计的每一个细节中。通过构建统一的设计语言，企业文化得以在机械产品中生动展现。同时，设计师还需在创意构思、设计开发、生产制造到市场投放的全流程中，确保文化表达的务实与可执行性，从而实现创意的有效落地。

3.1　企业文化与产品定位分析

在机械产品的设计过程中，企业文化与产品定位的结合至关重要。企业文化不仅是企业内在价值观、使命和愿景的体现，也是品牌独特性的核心。而产品定位则决定了企业在市场中的立足点和目标客户群体。通过设计思维的深入应用，将企业文化与产品定位有机结合，设计师可以通过外观设计巧妙传递品牌理念和产品特性，实现美学与功能的平衡。

3.1.1
企业文化提炼与外观调性

（1）提炼企业文化的步骤

在机械产品设计中，企业文化不仅是品牌的精神内核，也是产品外观设计的重要导向。通过精准提炼企业文化并将其转化为设计语言，产品不仅能满足功能需求，更能传递品牌的独特魅力。下面是提炼企业文化并将其融入设计的关键步骤。

① 识别核心文化元素　设计团队首先需要深入分析企业的文化，找出其中最具代表性和核心的元素。这些元素通常涵盖企业的使命、愿景、核心价值观以及品牌特质等关键内容。例如，一个以创新为核心的企业，文化侧重突破性思维和未来感，设计应融入前卫造型和精细工艺，展现技术与前瞻性。而以品质与可靠性为核心的机械制造企业，则强调专业感和功能性，突出对细节与性能的追求。

② 定义外观调性　在明确核心文化元素后，设计团队需定义产品的外观调性，以精准传递企业的品牌价值。若企业文化强调创新与科技感，外观应聚焦未来感，采用现代造型、精细工艺和先进材料（图3-1）；若文化体现年轻活力与亲和力，则应追求简约设计，以明快色彩、流畅线条和友好界面展现品牌的开放与进取（图3-2）。外观调性是将文化转化为视觉语言的关键，决定了设计的方向与产品的市场辨识度。

③ 情感共鸣的创造　企业文化提炼的最终目的是通过外观设计触动消费者的情感，让他们在使用产品时感受到品牌故事和文化背景的深度，进而与品牌建立更强的情感连接。这种情感共鸣不仅能增强品牌忠诚度，还能帮助消费者建立对品牌的认同感。

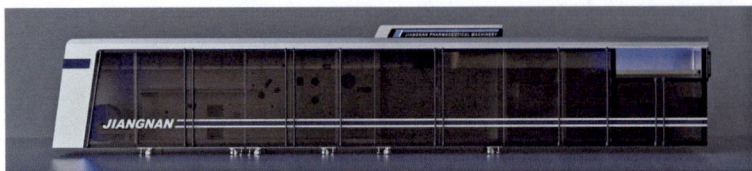

图 3-1 智能制药机设计案例（科技感）

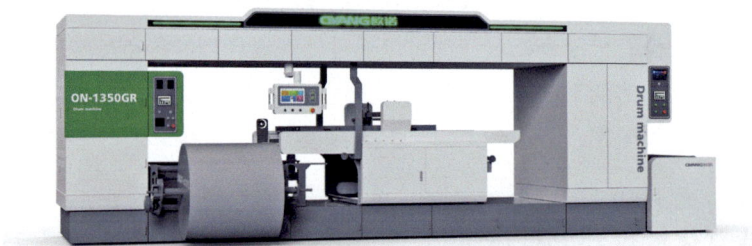

图 3-2 无纺布设备设计案例（亲和力）

（2）实施策略

① 文化内涵的精准提炼 在产品设计前，设计团队应与企业高层（文化部门）深入对话，挖掘企业文化的核心精神。例如，某些企业将"高效"作为文化的核心，另一些企业可能将"精细"和"可靠性"作为品牌的标签。设计团队需要通过市场调研、访谈与内部交流，将这些核心价值观转化为具体的设计语言和灵感，确保外观设计能准确反映品牌的本质。

② 外观设计的文化延伸 这是指将企业文化的精髓通过外观细节予以传达。例如，某企业强调"简约与实用"文化，那么它的产品设计就应该追求简洁线条，避免复杂的装饰和多余的结构，突出功能性与简洁的美学。而另一家强调"科技突破"与"前瞻性"的企业，外观设计则可以采用更具未来感的大胆的几何形状、独特的颜色搭配以及现代化的材质，如玻璃和金属的结合，来展现企业的技术领先和创新实力。

③ 设计元素的文化诠释 每个设计元素都应成为企业文化的延伸。标志性元素如品牌标准、色彩方案、造型语言，都可以巧妙地融入产品设计中，进一步强化文化的表达。通过精心选择与企业文化契合的颜色、材质和形状，设计师能使产品与品牌的文化背景产生更深层次的联系，给消费者留下深刻印象。

（3）案例分析：数码标签印刷机设计中的文化提炼

① 背景 某上市企业是印刷包装机械行业的隐形冠军，专注于标签印刷设备的

研发、生产与销售。以"匠心精益"为核心的企业文化，使企业始终专注于每个细节，不断追求卓越，致力于打造兼具科技感与精致感的高品质产品。这一设计理念贯穿于每一款设备，不仅展现了品牌的专业性与创新力，还赢得了市场和用户的高度认可。

随着国际化市场的不断扩展，企业领导层逐渐认识到，产品外观不仅需要满足功能和市场需求，还应成为企业文化的直观载体，突显品牌独特性。为此，企业赋予设计团队新的使命——在外观设计中融入企业文化精髓，使产品更能传递品牌价值与文化内涵，从而全面提升市场竞争力和品牌辨识度。

② 设计过程

a. 明确目标：文化精神与品牌形象的融合。项目伊始，设计团队与企业项目负责人、总工程师和 CEO 分别进行了多轮深入讨论，明确了产品设计的核心目标：通过外观设计展现企业的文化精神，并与品牌形象高度契合。讨论过程中，设计团队特别关注企业文化的提炼，将"匠心精益"概括为两大设计核心，分别对应产品的细节追求与整体品质感。

b. 企业文化提炼：从理念到设计调性。通过对企业文化的深入分析，团队提炼出三大设计调性——精致、科技感、专业可信赖，并将这些调性作为贯穿整个设计过程的指导原则。例如，设计语言需体现精密工艺感，以传递企业对品质的执着；同时，简洁而具有未来感的外观设计则突出了企业的科技属性和国际化视野。

c. 创意构想：从文化到草图的转化。围绕提炼出的文化内核，设计团队展开头脑风暴，提出了多种创意构想。这些想法迅速转化为草图，探索如何通过线条、色彩与材质语言表达"匠心"和"精益求精"的精神。在内部讨论和企业反馈的基础上，多轮调整让草图逐步聚焦于满足品牌调性的方案，如图 3-3 ~ 图 3-5 所示。

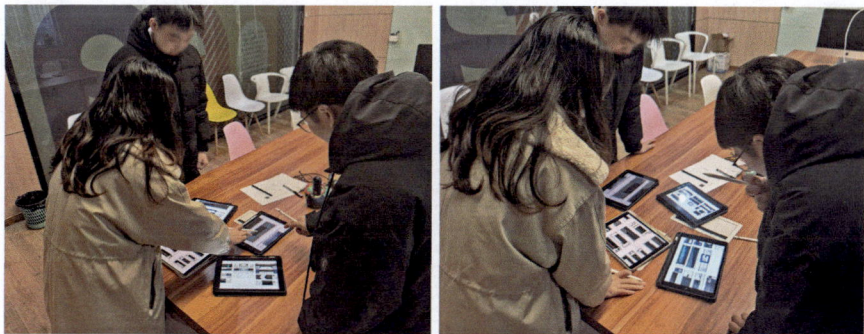

图 3-3　设计团队沟通草图

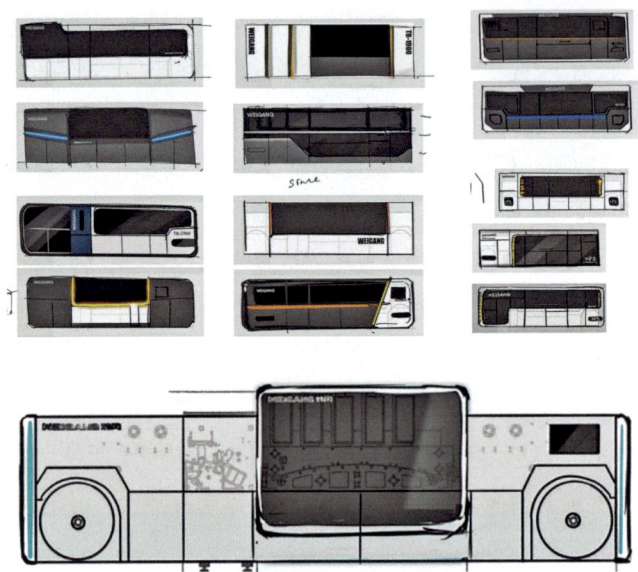

图 3-4　数码标签印刷机初期设计草图

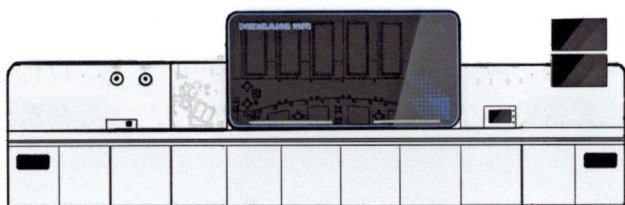

图 3-5　数码标签印刷机最终草图方案

d. 细化设计：从草图到效果图。进入效果图阶段，团队通过优化外观线条、模块化布局和材质光泽，将精密工艺感与现代功能性相结合。主机部分采用大面积亚克力部件与钣金组合的设计，展现设计的精致与专业。其中，亚克力部件需特别定制，同时融入品牌色调和视觉元素，强化整体的品牌识别度，如图3-6、图3-7所示。

图 3-6　数码标签印刷机前期方案

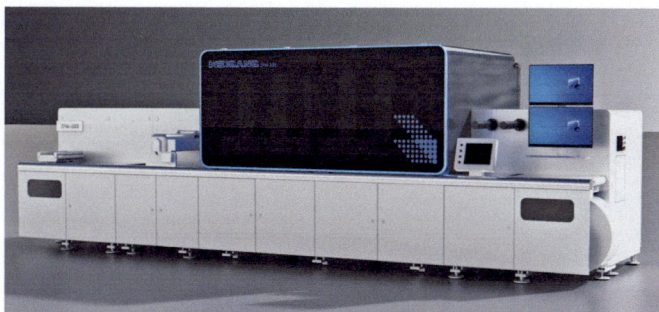

图 3-7　数码标签印刷机最终方案

e. 工程核对：从效果图到工程图纸。效果图确定后，设计团队与工程部门紧密协作将其生成工程图纸，并对照工程图纸逐一核查设计方案的可行性。针对技术和制造工艺上的挑战，设计团队对细节进行了调整，如优化设备接口位置、修改面板工艺，以在保证美观的同时确保功能和生产的可行性，如图3-8所示。

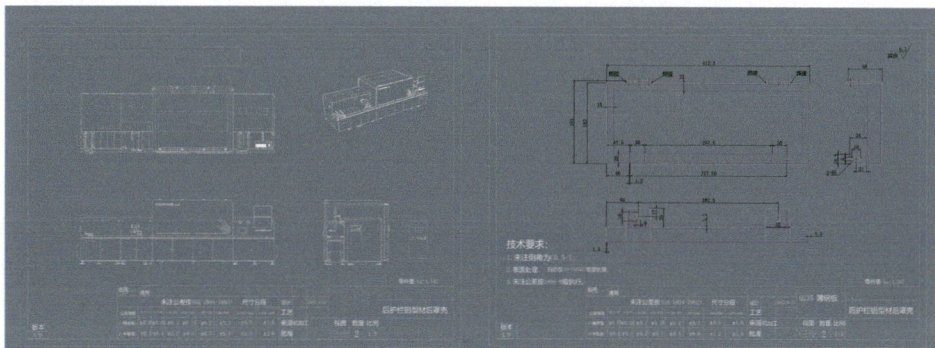

图 3-8　数码标签印刷机工程图

f. 落地执行：从设计到生产对接。最终方案确定后，设计团队与生产部门密切配合，完成材质选定、工艺验证及样机测试等关键步骤。在与供应商的沟通中，团队通过详细说明设计意图，确保文化精神在制造环节得以保留，并在样机测试中验证了最终成品的视觉与功能表现。

③ 文化精神的外观呈现　通过这一系统化的设计过程，团队将"设计思维"贯穿于从文化挖掘到设计落地的每个环节，成功将企业的文化精神与品牌调性融入产品外观。最终设计不仅展现了企业对匠心和品质的执着，也在务实与创新的平衡中增强了品牌的国际竞争力，为企业进一步开拓市场提供了强有力的支持，如图3-9所示。

图 3-9　数码标签印刷机参加 2023 年第九届中国国际全印展

3.1.2
产品定位与品牌基因的结合方式

产品定位是企业在市场中对自身产品的定义，它不仅决定了产品的目标市场、用户群体，还直接影响产品的功能、外观设计和整体品牌形象。准确的产品定位能够帮助企业明确产品的市场差异化特点，从而为产品的设计提供清晰的方向。将产品定位与品牌基因结合，不仅能确保产品在市场中的独特性，还能增强品牌的竞争力，使产品能够精准地满足目标市场的需求。

（1）结合产品定位与品牌基因

① 市场定位与设计方向　明确产品的市场定位是设计过程最重要的步骤之一。产品定位于高端市场时，外观设计应注重精致、考究的质感，体现出高品质与科技感；而定位于大众市场的产品，则更关注简约、实用性和性价比的平衡。

例如，一家企业推出了两款覆膜机，分别针对高端市场和大众市场。

高端市场覆膜机：设计团队通过精心的方案研究，重点打造工艺精致的外观效果，注重细节的加工处理，展现高端品质。同时巧妙融入了灯带设计，营造强烈的科技感，为产品增添未来感与吸引力，如图 3-10 所示。

大众市场覆膜机：设计团队注重在成本控制的基础上优化设计，整体造型简约大方，同时在局部设计中融入了几何图形或线条装饰等特色元素，以低成本实现了视觉辨识度的提升，满足了大众市场对性价比的需求，如图 3-11 所示。

通过这种差异化设计策略，团队将"设计思维"的同理与定义阶段深度融入了市场分析与用户需求，将务实与创新结合，既满足了不同市场的功能需求，又确保了品牌形象的统一性。

图 3-10　高端市场覆膜机设计方案

图 3-11　大众市场覆膜机设计方案

② 功能与形态的匹配　产品的外观设计不仅要符合市场定位，还要与产品功能相匹配。产品功能决定了其外观的结构和形式。例如，智能设备的外观通常会注重现代感和科技感，而更传统的设备可能强调坚固性和可靠性。功能与形态的匹配能够帮助消费者迅速理解产品的使用场景和价值，同时提高产品的易用性，如图 3-12、图 3-13 所示。

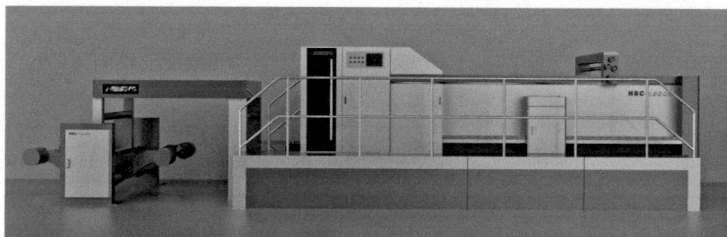

图 3-12　具有科技感的智能简捷卷筒纸分切机设计案例

③ 品牌基因的反映　品牌基因是品牌的独特特质和核心优势，根植于其历史、文化和理念之中，并通过外观设计直观呈现，强化市场辨识度和用户信任感。

在全自动高速纸杯机的设计中，企业聚焦品牌基因的核心——"安全和可靠"，通过外观设计传递其专业性与品牌价值。设备采用流线型造型与简洁几何线条，主色调为白色与深灰色，并辅以红色点缀，明确体现品牌的现代感与辨识度。透明玻璃罩的设计进一步强化了开放与信赖的品牌特质，使品牌基因在外观上得以直观反映，如图 3-14 所示。

手提扣压合机通过紧凑的设计比例、轻量化的材质和直观的操作界面，精准展现了"便携高效"的品牌基因。这种设计兼顾功能性和便捷性，使用户需求得到更好的满足，同时强化了品牌在市场中的核心定位，如图 3-15 所示。

图 3-13　具有力量感和坚固感的 C 型液压机设计案例

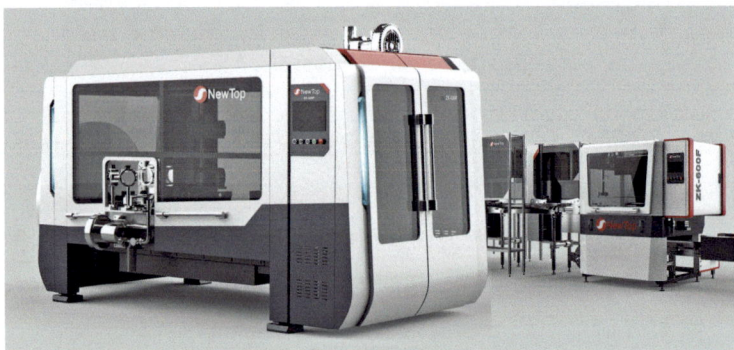

图 3-14　全自动高速纸杯机设计方案

（2）实施策略

① 明确产品市场定位　在产品设计的初期，设计团队必须深入了解产品的市场定位。团队需要分析目标市场的需求、消费者的偏好、产品的使用场景和功能需求。通过市场调研，设计团队可以确保产品设计精准契合目标用户的需求，并能根据品牌基因进行合理调整。明确市场定位后，设计团队可根据定位特征在外观、功能、材料等方面做出具体设计，确保产品的独特性和市场竞争力。

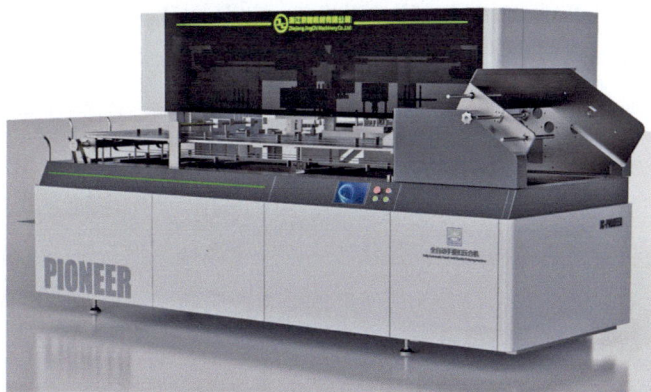

图 3-15　手提扣压合机设计案例

② 品牌基因的深入挖掘与应用　品牌基因承载着品牌的核心特质，在产品设计中，如何将品牌基因准确传递给消费者，是设计的关键。设计团队需要深刻理解品牌的历史积淀、核心价值与使命理念，然后通过色彩、材质、工艺、形态等设计元素将这些精神具体呈现。例如，一个注重"耐用性与可靠性"的品牌，在设计一款高性能制袋机时，选择了坚固的金属外壳和模块化结构，既保证了产品的功能性，又突显了品牌的专业形象；而一个追求"环保与可持续"的纸杯机品牌，则在设计中采用柔和的绿色配色、可回收的材质和简洁的造型，传递出环保理念。设计师应将品牌基因与目标市场需求结合，确保设计既契合品牌理念，又能满足消费者预期。

（3）案例分析：制药机械的品牌基因与外观设计

① 案例背景　一家专注于高端制药机械研发的企业，以"科技与专业"为品牌基因，服务于全球高端制药市场。尽管企业技术实力雄厚，但原有产品设计未能充分展现品牌的核心价值，在国际市场上缺乏具有足够吸引力的视觉语言。为此，企业希望通过全新的设计方案突出产品的安全性与精密性，同时全面提升其在国际市场上的竞争力，如图 3-16 所示。

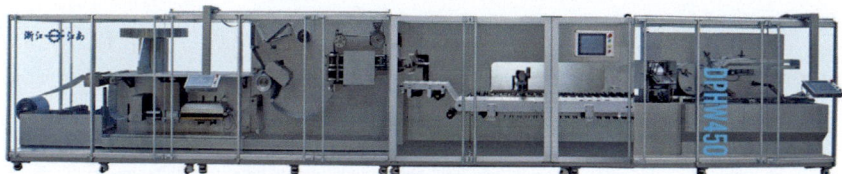

图 3-16　制药机原设备

② 设计实施 需求调研与品牌基因提炼：设计团队深入剖析企业文化，明确"科技与专业"为设计的核心指导原则。通过与企业高层和核心用户的访谈，提炼出科技感、专业性与国际化视觉语言作为设计的主要方向，确保新设计能够贴合全球制药市场的高标准需求。

外观造型与结构优化：在外观设计中，团队采用简约而精准的工业设计语言，以流畅的线条和封闭式结构为主，强化产品的安全属性。设备整体外壳设计为无缝连接，以减少潜在污染源，符合无菌生产的要求。隐藏式组件进一步提升了设备的精密性与视觉整洁度，同时彰显高端品质。

材质与工艺的提升：设备外壳采用精致的铝型材，结合不锈钢和高质感玻璃，充分展现品牌的科技感与专业性。铝型材的轻便性与不锈钢的抗腐蚀性能相辅相成，不仅满足制药行业严格的卫生标准，还确保了产品的结构稳定性和耐用性。

人机界面设计：操作界面是用户体验的关键，设计团队优化了交互布局，采用现代化的触摸屏系统，搭配符合人机工程学的操作界面，确保用户操作直观、便捷。

色彩搭配与品牌视觉传达：设备采用冷色调搭配不锈钢材质的自然金属光泽，完美展现了科技感与专业性。包围式灯带的引入，不仅增强了设备的科技氛围，还直观地反馈运行状态，提升了用户体验。局部使用品牌标志色点缀，强化了品牌识别度，同时传递出"现代化与创新"的企业形象。灯带与整体设计的无缝融合，使设备在功能性和视觉效果上更具吸引力与辨识度，如图3-17所示。

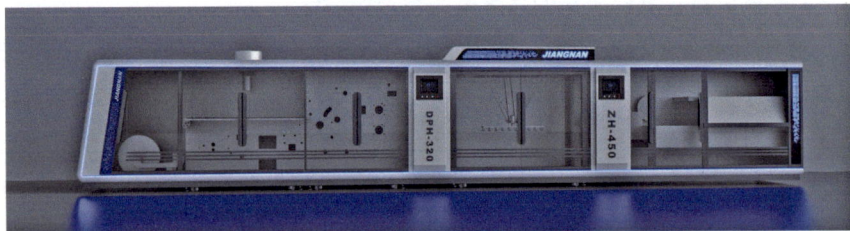

图 3-17 制药机设计效果

③ 设计效果与市场反馈 全新的制药机械设计在外观与功能上实现了企业"科技与专业"的品牌承诺。设备的封闭结构与高端材质提升了生产安全性，同时，简约的工业设计语言与冷色调的搭配增强了设备的高端感与市场吸引力。人机界面的优化使用户操作更加便捷，进一步满足了国际市场的多样化需求。

用户反馈显示，新设计不仅赢得了国内外用户的高度认可，还为企业在国际高端市场上树立了更强的品牌形象。这一设计方案充分展示了品牌基因与外观设计的深度融合如何帮助企业巩固市场地位，并增强全球市场竞争力，如图3-18所示。

图3-18 制药机参加展会

④ 拓展分析 品牌基因与产品设计的结合是企业从竞争激烈的高端市场中脱颖而出的重要手段。通过精准传递品牌价值，设计不仅是产品功能的延伸，更是品牌文化的具象表达。在深刻理解用户需求的基础上，设计团队巧妙地在设计中融入品牌核心特质，使产品在外观与功能上展现出独特的平衡感，为产品注入了新的活力。

3.2 企业文化的体现与设计语言

在机械产品设计中，企业文化不仅体现在外观的整体风格上，还体现在细节设计的每一处。设计语言是产品与用户沟通的桥梁，企业文化通过设计语言传递给消费者。因此，如何将企业文化通过设计语言融入到产品的各个环节，是实现文化价值转化的关键。设计语言不仅包括企业标志、色彩、图形符号的应用策略，还涵盖了材料与工艺的选择，这些因素共同塑造了产品的文化气质。在这一过程中，设计师通过深刻洞察企业文化和市场需求，将抽象的品牌精神具体化，使产品在实现文化表达的同时，也在功能性与美学之间找到平衡点。

3.2.1 企业视觉元素在产品上的应用策略

（1）标志的巧妙运用

标志是企业品牌的象征，在产品设计中可以通过巧妙的标识化设计使品牌得到充分体现。设计团队应避免简单的标志堆砌，而应通过标志与产品整体造型的深度融合，提升产品的整体感与品牌辨识度。

例如，标志可以设计为嵌入式结构，成为产品外观的有机组成部分，或通过激光雕刻、镀膜等表面处理手段，使标志与产品更和谐统一。此外，一些企业创新地采用灯光形式展示标志，通过发光或变色效果，让标志更具科技感，同时在功能性与视觉吸引力之间取得平衡。

（2）色彩的应用

色彩是最直观的视觉元素，可以快速传达品牌的个性与文化。例如，某些品牌会通过冷色调（如蓝色、银灰色）来传递科技感和现代感，而另一些品牌则采用暖色调（如红色、橙色）来表达温暖、亲和力和活力。色彩的选择不仅需要贴合品牌文化的核心，还要兼顾市场定位和消费者的心理感受。

> 小贴士：色彩象征意义的解释
>
> 色彩不仅是视觉元素，更是一种承载文化内涵和情感意义的设计语言。不同的颜色能够引发特定的心理联想，从而精准传递品牌理念和产品特质。下面是深蓝色、绿色、金色与银色在产品设计中的象征意义。
>
> ① 深蓝色：象征科技与专业
>
> 心理联想：深蓝色传递冷静、理性与可信赖的感觉，这与科技行业强调的精准性和可靠性高度契合。
>
> 文化背景：蓝色在许多文化中被视为智慧与理性的象征，广泛应用于商业和科技品牌，代表专业性与技术实力。
>
> 视觉效果：深蓝色低调而稳重，突出了高端科技产品的品质感，避免视觉上的轻浮感。
>
> 应用场景：深蓝色常用于高端科技设备、制药机械、工程设备等需要展现技术含量和专业性的领域。
>
> ② 绿色：传递环保理念与自然友好
>
> 自然联想：绿色与自然界密切相关，常联想到生命力、环保与可持续性。
>
> 文化内涵：在全球范围内，绿色象征着生态与可持续发展，是环保型品牌和产品的首选色彩。
>
> 情感影响：绿色让人感到平和、希望与健康，能够有效传递企业对环境保护的承诺。

应用场景：绿色广泛应用于环保设备、可持续包装机械、清洁能源产品等，强调健康与生态理念。

③ 金色与银色：表现高端与奢华

文化符号：金银色自古以来象征财富与权力，赋予产品一种高价值感。

视觉感受：金色的温暖光泽感易于吸引目光，传递奢华与荣耀；银色的冷静金属质感展现高科技与精密工艺。

品牌联想：高端品牌常以金银色为标志性配色，突出产品的品质与独特性。

应用场景：金银色多用于高端消费品、奢侈品包装设备及精密仪器等，展现高端形象与技术精度。

④ 应用建议

结合企业文化：在色彩设计中，选择能够体现企业核心价值的主色调，将其应用到产品的外观、标志与细节中。

注意统一性：保持品牌在不同产品线中的色彩一致性，增强品牌辨识度。

强化情感连接：通过色彩的情感联想，提升产品在消费者心中的信任度与好感度。

（3）图形符号的文化体现

图形符号是企业文化的重要组成部分，可以通过设计元素的抽象与符号化表现出品牌特质。在机械设备中，图形符号的表现形式往往通过设备整体或局部造型体现。通过独特的外观设计，设备形成具有辨识度的图形特征，既传递企业文化特质，又为产品注入系列化的设计语言。

例如，一家注重创新的企业可以在设备造型中融入动态线条或不对称设计，展现品牌的创新精神；而强调稳健与信任的企业则更倾向于采用对称、简洁的几何形态表达专业与可靠性。这些图形符号不仅增强了产品的识别度，还统一了产品的家族化设计，为企业文化提供了生动的可视化表达。这一过程中，设计团队通过务实的功能优化与创新的美学表达相结合，将品牌核心价值自然融入到每一个设计细节中，真正实现了文化与产品的深度融合，如图3-19、图3-20所示。

（4）扩展思考

在产品设计中，标志、色彩和图形符号并非独立存在，而是应通过统一的设计语言进行有机融合，共同构建品牌形象。设计师需要在每一个设计细节中保持一致性，将品牌核心价值转化为直观的视觉表达，并通过细致的工艺与精准的配色提升产品的整体品质感。

图 3-19　全自动柔板印刷机设计案例

图 3-20　卫星式柔板印刷机设计案例

例如，一些企业通过灯带环绕、颜色渐变和动态符号设计，使产品呈现出极具辨识度的外观效果，同时为品牌注入了鲜明的现代感和未来感。另一方面，设计团队也应注意避免符号过多或设计语言过于复杂的情况，这可能会削弱品牌形象的清晰度。通过合理的符号提炼与简化，构建高度凝练而统一的品牌视觉语言，能够帮助产品在市场竞争中脱颖而出。

（5）优化建议

以品牌为核心：设计师在设计符号时，优先考虑品牌核心价值和企业文化，将其转化为易于识别和记忆的设计元素。

避免过度装饰：符号的设计应以简洁为原则，避免因过于复杂的形状或多样化的组合影响产品的整体性和辨识度。

保持视觉平衡：符号在产品中的位置、比例和颜色需要与整体造型协调，以增强视觉效果，避免喧宾夺主。

统一系列化符号语言：确保不同型号或系列产品的符号设计保持风格一致，形成品牌的家族化特征，同时便于用户快速识别。

测试用户接受度：在设计过程中，通过用户测试了解符号的易识别性和文化联想，确保其符合目标用户的预期和偏好。

（6）案例分析：无尘开槽机品牌化设计探索

① 背景与成功实践 一家初创的机械设备制造商，专注于无尘开槽机的研发与生产（图3-21），凭借设备运行的高速与稳定性，迅速在行业内站稳脚跟，并成为新兴明星企业。企业负责人年轻且富有远见，以"科技与活力"为核心企业文化，期望设备外观设计能够充分体现这一文化理念，同时传递设备的速度感与现代科技属性。

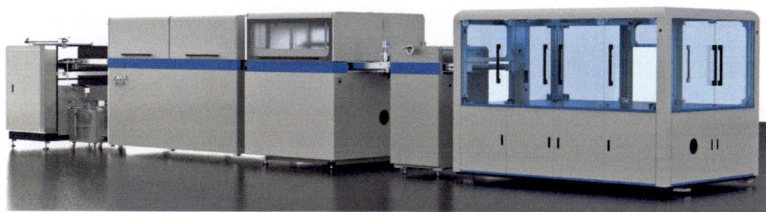

图 3-21 无尘开槽机原设备

② 踩坑经历与设计优化

第一次方案：设计过度依赖黑色，忽视品牌文化。

初期设计中，团队尝试通过黑色罩壳覆盖设备上半部分，以大面积的色块突出设备的科技感与稳定性，同时在机身上点缀企业代表色——蓝色，并以几何元素叠加的形式融入品牌标志。然而，大面积黑色虽然赋予设备一定的稳重感，却让整体显得沉重压抑，与企业所强调的"活力"基调不符。此外，黑色喷漆不仅增加了加工难度，还容易显脏，从而降低了设备的视觉吸引力和实用性。同时，设备的特征表现不够鲜明，整体企业文化的表达也显得较为模糊。

教训：设计团队过于聚焦于设备稳定性的呈现，却未能深刻理解和体现企业文化，忽视了"活力"这一核心特质，最终导致设计方向偏离品牌期望。这提醒我们，设计需要平衡品牌形象、用户体验、功能表现与生产实际，以确保美观与实用相得益彰，如图3-22所示。

第二次方案：蓝色折现腰带与顶部灯箱视觉点的加入。

在吸取初次设计经验后，团队在第二次方案中采用蓝色折线腰带贯穿机身，搭配银白色钣金，不仅使设备外观更加统一，还通过鲜明的色彩传递了科技感与活力。同时，顶部新增灯箱，用于动态显示设备运行状态，进一步强化了设备的特征表现。然而，蓝色腰带与灯箱的造型结合略显不协调，整体设计层次感不足，视觉上块面过多，显得杂乱，影响了设备的整体美感与清晰度。

图 3-22　无尘开槽机初期（第一次）方案

教训：设计中，元素的协调性和整体一致性至关重要。过度强调局部效果，忽视整体平衡，会削弱产品的美感和品牌价值。这提醒我们，"务实与创新"需平衡，设计不仅要创新，还要确保各元素协调统一，才能实现功能性与美感的完美结合，如图 3-23 所示。

图 3-23　无尘开槽机中期（第二次）方案

第三次方案：方向感与速度感的突破。

经过调整，设计团队进一步优化了灯箱造型，并运用流畅的曲线赋予了其动感，使其与蓝色腰带完美融合。整体设计如同一列蓄势待发的高速列车，充满强烈的方向感与速度感。设备运行时，灯箱上的动态显示仿佛疾驰的复兴号，瞬间激发出科技感与活力感，完美展现了企业对创新与前瞻性的不懈追求。

亮点：蓝色腰带、灯箱的流线型造型和设备整体色调共同构成了一个独特的品牌符号，提升了设备的辨识度和统一性。设计巧妙地融合了创新元素与实用功能，在传达科技感的同时，也保持了简洁与高效，增强了设备的整体性与市场竞争力，如图 3-24 所示。

图 3-24 无尘开槽机最终（第三次）方案

③ 经验总结

文化内核与设计融合：品牌文化是设计的灵魂，设计团队在项目初期需深入理解企业文化内核，确保设计方案能够体现品牌特质。通过标志性元素的巧妙运用和色彩的精准选择，产品能更直观地传递企业价值。

统一性与和谐性：在复杂造型设计中，确保各元素之间的视觉一致性是关键。通过优化灯箱与腰带的比例与细节，团队实现了整体设计的高度统一，增强了品牌形象，并通过简洁与创新的结合，使设计在实用性与美感之间达到了和谐。

动态与互动设计：灯箱不仅是功能部件，更通过动态显示增强了用户体验，为设备赋予科技感和未来感，同时提升了产品与用户之间的互动性。这一设计体现了"设计思维"的核心——以用户为中心，推动产品从单一功能向情感连接深度拓展。

最终，这款无尘开槽机通过精准的设计语言，很好地呈现了"科技与活力"的品牌基因，成为行业中设计与文化融合的典范，这也是设计思维中"构思、原型和测试阶段"创新与务实的深度融合。

3.2.2
材料与工艺选择对文化内涵的影响

在机械产品的外观设计中，材料与工艺不仅决定了产品的功能性、耐用性，还深刻影响着产品的文化内涵和品牌形象。每一种材料与工艺都有其独特的象征意义，通过合理的选择与运用，设计师能够有效地传递品牌理念，增强产品的文化认同感。

（1）材料的选择与品牌表达

材料的质感、触感和视觉效果直接影响产品的文化表达。常用的机械外观设计材料包括冷轧板、热轧板、镀锌板、不锈钢板、铝型材和亚克力，每种材料都传达不同的品牌文化和价值，如图 3-25 所示。

不同材料的合理组合与选择，不仅能确保产品的功能性和耐用性，还能准确表达品牌的文化内涵和市场定位，通过材质特性与外观设计的融合，进一步加强品牌的识别度和文化归属感。

图 3-25　机械外观设计常用材料

　　每一种材料都具有其独特的象征意义，能够与品牌理念紧密契合，传递出不同的文化符号。通过材料的巧妙选择与运用，设计师能够塑造符合品牌定位的外观，使产品不仅具有高效功能性，还具备文化表达力。选用金属材料传递工业感和现代科技感，采用环保材料则体现品牌的可持续性与社会责任。要合理搭配这些材料，并通过细节上的精致工艺来提升品牌的形象和价值，让产品的外观设计成为品牌文化的重要载体，见表 3-1。

表 3-1　机械产品外观设计常用材料与品牌表达

材料	特点	品牌形象传递	适用领域
冷轧板	表面平整光滑，尺寸精度高，适用于大多数机械罩壳和高精度设备	适用于广泛的机械设备，在高端设备中可进一步提升品质感与品牌形象	大多数机械设备的罩壳、精密仪器、高端工业设备
热轧板	表面粗糙但强度和韧性较好，适用于高强度、耐磨损设备的框架或内部结构	展现力量感、工业感，适用于强调耐用性与强度的机械设备	重型机械、耐磨损设备的支架、框架或内部结构
镀锌板	优异的抗腐蚀性和可塑性，适用于潮湿或化学环境中的设备外壳	可靠性与环境适应性强，适用于潮湿或腐蚀环境中的设备	户外设备、潮湿或化学环境中的设备，如食品加工设备
不锈钢板	耐腐蚀性强，金属光泽展现高端与科技感，适用于精密仪器和高洁净环境	高端、科技感，适用于精密设备、食品制药等有高洁净要求的产品	医疗设备、食品加工设备、精密仪器、实验室设备
铝型材	轻质、易加工，适用于框架结构和装饰件，增强设备的现代感	简约、创新感，适用于现代化、科技型品牌的机械设备	自动化设备、科技型机械、框架结构
亚克力	透明、质感轻盈，常用于设备的可视窗和灯带罩壳，提升科技感和品牌识别度	科技感与活力，适用于智能设备与高科技产品	智能设备、显示面板、照明系统、可视窗

（2）工艺的运用

机械产品的设计与其制造工艺紧密相连，设计师需要在创意与实际可行性之间找到一个有效的平衡点。产品的设计理念往往是在功能需求、用户体验、品牌定位等多方面的考量下生成的，但这些设计需要通过制造工艺实现。机械产品中最主要的材料是金属，不同的加工工艺，会显著影响金属部件的外形和性能特征。

下面是常用的设备罩壳加工工艺。

激光切割与冲压工艺：激光切割可以确保罩壳零部件的精确切割，适用于复杂形状和有高精度要求的设计。冲压工艺则能够快速生产大批量的零部件，且切割面平整，适用于大规模生产的设备罩壳。两者结合，既能保证精度，又具有高效的生产能力，如图 3-26 所示。

图 3-26　激光切割与冲压工艺

喷涂工艺：喷涂不仅能改善设备罩壳的外观，还能够增强其防腐蚀性和抗氧化性。通过色彩和质感的巧妙运用，喷涂工艺能够为产品注入个性化的色彩与品牌元素，提升产品的视觉识别度。对于那些需要在恶劣环境中长期使用的设备，喷涂工艺能延长设备的使用寿命，如图 3-27 所示。

细致打磨与去毛刺：打磨工艺能够去除金属表面的毛刺，使得产品表面更加光滑和细腻。去毛刺工艺不仅改善了罩壳的外观，还提升了其触感与精致度，反映出企业对精工细作的追求，如图 3-28 所示。

这些罩壳加工工艺的选择与应用，不仅提升了设备的美感，还增强了其功能性和耐用性，同时也与品牌的文化理念和定位相契合，展现了企业对创新和质量的高度重视。

图 3-27　喷涂工艺

图 3-28　打磨工艺

（3）优化建议

在机械设备外观设计中，设计师需要兼顾美观性与功能性，同时确保设计与品牌文化及企业目标的契合。下面是设计师在外观设计时需要特别注意的几个方面。

① 结构优化与稳定性设计　在设计外观时，设计师需要注重结构的合理性，确保设备的稳定性。通过优化折弯工艺、合理运用加强筋等结构元素，提升设备的抗变形能力，确保产品在长时间使用中不易出现变形或损坏。

② 细节处理与精致工艺　细节决定成败，设计师应注意每个接缝、连接点及表面的打磨与处理。采用精细的加工工艺，如激光切割、精密焊接等，确保外观的平整与精致。精工细作不仅能提升产品外观的品质感，也能增强产品的整体稳定性和耐用性。

③ 符合品牌文化和定位　设计师应深入理解品牌的文化内涵，在外观设计中体现出品牌的核心价值。例如，针对高端设备，可以通过金属光泽、拉丝工艺等手段传递高科技感和现代感，而对于强调环保的品牌，则可通过有自然质感的材料或简单现代的设计语言来展现品牌的可持续发展理念。

④ 用户体验与可维护性　设计师应考虑用户的使用体验，包括设备的可操作性与可维护性。设计应便于清洁、拆装和维修，避免复杂的结构和难以清理的缝隙。此外，设计时还要确保设备的操作界面清晰，符合人机工程学，提高用户的操作舒适度。

3.3　设计构思与文化特征的结合

在机械产品设计中，设计构思不仅是形式与功能的结合，更是企业文化的具体化体现。每一款产品的外观设计都可以看作是企业理念、精神与价值观的延伸。

设计师通过深入理解并汲取企业文化的精髓,并巧妙地将其融入到产品的外观设计中,从而使产品不仅具备优异的功能性,还能够向消费者传达品牌的独特气质和核心价值。在设计构思阶段,文化特征作为一种隐性元素,通过精心的设计语言得以具象化和具体化,并传递给每一位用户,从而提升品牌的识别度和市场竞争力。

3.3.1
文化特征与设计构思的有机融合

(1)深入解读企业文化的核心价值

在机械产品设计中,企业文化不仅是外观设计的灵感来源,更是设计构思的基础。企业文化为设计构思提供了明确的方向,使设计不仅是技术与功能的结合,更是企业理念与市场定位的体现。设计师应通过深入分析企业的起源、发展历程及核心目标,提炼出符合品牌精神的文化元素,并将这些元素转化为具体的设计方向。

设计师需要根据企业文化的核心价值来选择合适的设计语言,以确保产品外观能准确传达品牌精神。对于强调创新的企业,设计语言应注重现代感、技术感和未来感,通常设计以简洁的几何形态和流畅的曲线为主,这不仅能体现技术创新,还能表达品牌对未来的愿景。流线型设计是智能设备和高端医疗器械中的常见设计,能够通过简洁的线条和曲线,使产品看起来更具科技感和精致感,吸引追求现代科技的消费者。此类设计语言正是品牌创新文化的具象化展示,如图 3-29 所示。

图 3-29 全自动智能四工位塑料热成型机

相反,强调传统与可靠的企业则应选择严谨、结构感强的设计元素,如直线和坚固的结构。此类设计传达了企业对产品稳定性、精密性和耐用性的高度重视,能够在市场上建立起品牌的可靠形象。严谨的设计语言不仅符合企业文化中的传统价值观,还在用户

图 3-30 塑料杯热成型机

心中强化了品牌的信任感，彰显出其历史传承和在行业中的权威地位，如图3-30所示。

策略建议：

① 深入了解企业文化　设计团队可以通过与公司领导、员工的面对面交流、团队讨论或组织文化研讨会的方式，深入了解企业的文化特色。通过了解公司历史、发展历程和品牌定位，设计师能更好地抓住企业精神的核心，并确保设计方向与品牌的一致性。例如，可以通过了解创始人的理念和公司取得的里程碑成就，进一步明晰文化价值，从而帮助设计团队在创作时更好地展现品牌精髓。

② 引发情感共鸣　理解企业文化之后，设计师应该思考如何通过设计让消费者产生情感上的共鸣。例如，设计时可以使用柔和的曲线，让产品看起来更亲切、温暖，或使用现代、简洁的线条来表现产品的科技感与时尚感。通过这样的设计，消费者不仅能感受到品牌的温度，还能对品牌产生更深的记忆和认同，从而提升品牌的忠诚度。

（2）文化符号如何转化为设计语言

企业文化中充满了有力的象征性符号，它们在传达品牌理念、精神和情感认同方面发挥着重要作用。设计师的任务是将这些文化符号以创新的方式转化为具体的设计语言，使其能够有效地融入到产品的外观设计中，不仅传递出文化深度，也能够满足用户需求和市场期望。

① 从文化符号到设计元素的提炼　企业文化中的符号常常具有浓厚的象征意义，这些符号包括了颜色、形状、图案和材质等。设计师需要将这些符号的象征意义与企业的定位、市场需求相结合，将其转化为具有识别性的设计元素。例如，某些文化符号可以通过色彩搭配来体现，像红色代表激情与活力，蓝色代表科技与专业，绿色则代表自然和环保。通过合理选择这些色彩，设计师能够在视觉上强化品牌的特性。

② 形态与结构的文化延伸　形态和结构设计是文化符号转化中不可忽视的环节。在机械产品的外观设计中，企业文化的符号可以通过几何形状、流线型设计或独特的线条来体现。例如，年轻或新兴企业往往通过流线型设计或柔和的曲线来表现创新感和前瞻性，传达品牌的现代性与动感；而对于一些大型设备或注重专业性与可靠性的企业，设计可能更加倾向于硬朗、棱角分明的线条，以传递出稳重、精准与专业的形象。通过这些结构性符号，设计不仅展示了机械产品的功能美学，还能够在形式上延续企业文化的核心精神，进一步强化品牌的辨识度和市场定位。

③ 符号与品牌情感的匹配　企业文化符号转化为设计语言时，设计师还要考虑如何与消费者的情感需求产生共鸣。设计不仅是为了实现外观和功能的统一，更是为了让消费者与品牌建立情感联结。企业文化中蕴含的情感象征，例如"创新""工艺""卓越"等，可以通过细节的处理在设计中得到充分表达。通过对材质、色彩、形态等方面的精细打磨，设计师能够在视觉上强化品牌的情感价值，使消费者在使用产品时能够感知到品牌的独特情感定位。

④ 策略与建议

简化与匹配：将文化符号转化为简单且易懂的设计元素，避免过于复杂或堆砌，确保这些符号能够与产品功能、外形和用户需求相匹配。设计师可以与企业内部团队合作，确定最能代表品牌的文化符号，并选择最具表现力的设计方式。

符号的变化与融合：品牌文化会随着时间的推移而变化，设计师在转化符号时，需要考虑到这些变化。对于具有悠久历史的品牌，设计既要保留经典元素，又要引入现代设计风格，使品牌既能展现传统韵味，也能散发活力和时尚感。

跨界设计与技术融合：在转化文化符号时，设计师可以借鉴其他行业的设计元素，但要确保这些元素适用于机械产品的功能性和技术特性。例如，某些品牌的机械产品可能会借鉴工业艺术中的几何形状，或者现代建筑中的线条设计，这些元素能够在不影响产品实用性的基础上增强外观的辨识度和品牌气质。

（3）案例分析：机械设备外观设计中的文化符号成功融合

在为一家知名机械企业设计新一代全自动模切清废机时，设计团队深入分析了企业的文化符号与品牌核心价值。该企业秉承"科技与可靠"品牌理念，致力于为全球市场提供高效、精确的机械设备解决方案。设计团队明白，企业文化不仅是外观的装饰，它还是品牌理念的具象化体现，是科技创新与可靠性追求的表现，如图 3-31 所示。

① 设计思路与文化符号的结合　本次设计的核心主题是"科技感"和"可靠性"。为了展现品牌的科技精神，设计团队采用了简洁的

图 3-31　全自动模切清废机设计案例

块面分割和清晰的几何面板，突出了现代感和科技感。通过圆角设计，设备外观既保持了精密感，又确保了稳重与可靠性。整体设计传达了品牌的技术创新，同时也展现了对产品可靠性的重视。

此外，设备门左侧的蓝色灯带作为装饰元素，进一步增强了科技感与未来感。灯带不仅提升了视觉冲击力，还增加了产品的辨识度，帮助产品突出品牌形象，使设备外观更具现代感。

设计团队在细节处理上也进行了充分考虑，确保每一个设计元素都与"科技与可靠"这一品牌理念相契合。通过简约的线条和坚实的面板，设计确保了外观既具现代感，又具实用性，体现了品牌的文化核心。

② 色彩与材料选择　色彩和材料的选择在设计中起到了至关重要的作用，能够有效地传递品牌的核心理念。在色彩运用上，设计团队选择了白色作为主色调，传达出产品的稳重与专业感，并体现出简洁、大方的设计风格。深灰色作为辅助色，增添了产品的科技感和层次感，同时使外观设计更加现代化。品牌的代表色——蓝色作为点缀色使用，增强了产品的辨识度，同时体现了品牌的活力与创新精神。

在材料选择方面，设计团队选用了深蓝色透明亚克力，这种材料不仅具备现代感，还能有效传递高端、精致的质感。亚克力的光泽与透明感提升了外观的视觉效果，同时也强化了产品的科技感。整体外观设计简洁、清晰且富有现代感，材料的精致选择使得设备在市场上具备了更强的竞争力。

③ 实施与市场反馈　设计完成后，全自动模切清废机在市场上推出时获得了广泛好评。用户反馈表明，除了设备的高效能和可靠性，外观设计的创新性和现代感使产品更加具有市场吸引力。尤其是在高端市场，这款模切清废机通过其科技感与可靠性的完美融合，成功展现了品牌的独特性，并在行业中赢得了更多的市场份额。

在设计实施过程中，设计团队根据用户的反馈对细节进行了优化，进一步提高了产品的外观品质。例如，设备接口处的过渡曲线被进一步平滑，避免了传统设备的硬直感，使得设备整体形态更加流畅且易于操作。这样的细节优化不仅提升了用户体验，也进一步加深了品牌的文化印象。

④ 总结　这款全自动模切清废机的外观设计，成功将"科技与可靠"这一品牌理念体现在产品设计中。在设计过程中，团队始终坚持"务实与创新"的平衡，通过造型、色彩与材质，巧妙地将企业的文化符号与产品形象融合。这一设计不仅展示了机械设备的高效与可靠性，也通过现代感的外观设计提升了品牌形象，强化了产品在市场上的品牌辨识度。

设计团队在整个过程中秉持设计思维的核心理念（从实际需求出发，注重功能性的同时，不断推动外观创新），通过精确把握对设计的技术和美学要求，确保了产品外观既符合工业设备的稳定性要求，又展现了品牌的创新精神。

3.3.2
文化特征如何融入设计构思

（1）提炼企业文化内涵，指导设计实践

在机械产品设计中，文化内涵的提炼至关重要。设计师需要深入理解企业的品牌理念、市场定位和行业背景，从中提取核心文化特征，并将其转化为可执行的设计原则，使产品的外观和功能能够精准体现企业的品牌价值。例如，对于注重自动化、精密制造与工业稳定性的企业，设计团队可以围绕模块化造型、功能区域的直观分割以及科技感的视觉元素，打造既符合行业需求，又具备品牌辨识度的机械产品。

以某款半自动压扣机为例，其蕴含的企业文化强调高效、精密与现代化工业美学。在外观设计上，团队采用了规整的几何块面布局，使设备的不同功能区域划分明确，确保了其整体外观简洁而具有层次感；大面积的封闭式结构，增强了产品的稳重感和工业可靠性；细节处的蓝色灯带点缀，提升了整体科技感，使设备在视觉上更具现代化特征。

此外，设备正面的大尺寸透明视窗，不仅便于操作人员监控内部运行情况，也让整机造型更加轻盈，避免了传统工业设备的笨重感。机身上的渐变网格图案与品牌标识相结合，使产品在保持专业性的同时，也具备一定的品牌识别度，如图 3-32 所示。

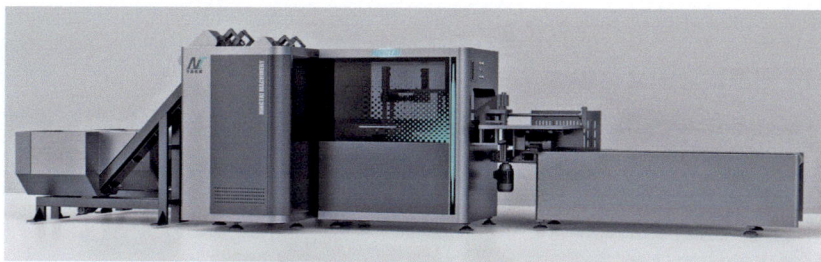

图 3-32　半自动压扣机设计案例

这种基于企业文化的外观设计，使设备在功能性和视觉表达上都具有清晰的品牌特征，同时也能在市场竞争中形成差异化，提高了产品的市场吸引力和品牌认知度。

> 小贴士：如何让设计更具品牌文化？
> ① 文化调研 通过企业访谈、市场分析和行业调研，准确提炼品牌的核心价值观，确保设计方向与企业愿景保持一致。
> ② 设计语言规范化 制定一套系统化的设计语言，包括色彩、形态、材质、标识等关键元素，使不同系列的产品在视觉上形成统一的文化标识。
> ③ 跨团队协作 与工程、市场、制造等部门紧密合作，确保设计不仅符合品牌文化，也具备可制造性和市场接受度。

（2）外观设计中的文化延伸与创新表现

材料的选择不仅影响产品的物理性能，还直接决定了产品的视觉表现和触觉体验。在机械设备的外观设计中，金属材料仍然是最常见的选择，而不同的表面处理工艺则能赋予设备不同的视觉效果和品牌调性。

① 科技型企业 通常采用高光喷漆、细砂纹喷涂等工艺，使设备在保持工业感的同时，具备更强的现代感和科技感。此外，局部可使用透明亚克力作为观察窗，增加产品的轻盈感与未来感。

② 专业制造企业 更倾向于粗砂纹喷涂、磨砂表面处理，以提升设备的耐磨性和抗污能力，增强工业设备的坚固耐用特性。深色或中性色喷涂方案往往能加强设备的稳重感，展现专业、可靠的品牌形象。

③ 有环保理念的企业 在外观处理上可能会使用环保涂层或进行低 VOC 水性喷涂，以减少对环境的影响。此外，可在局部结构上采用可回收塑料或可再生涂层，以传递可持续发展的品牌理念。

（3）形态设计的文化表达

机械产品的形态在很大程度上决定了用户对品牌的直观感受。形态设计不仅影响产品的视觉冲击力，还直接影响用户体验、制造可行性和品牌的市场认知度。因此，通过几何形态的精细化处理，设计师可以更清晰地传递品牌理念，使产品在外观上形成独特的品牌符号。

① 品牌文化对机械产品形态的影响 机械产品的形态不仅影响视觉美感，更

是品牌文化的直观表达。不同的品牌定位决定了不同的形态设计策略。

精密与稳重型品牌：采用直线条、大块面拼接，强调稳定性和技术可靠性，适用于高精度加工设备、工业自动化设备。

创新与前瞻型品牌：运用层次化几何构造、斜切或流畅线条，增强动感和科技感，常见于智能制造设备、数字化工业产品，突显市场差异化。

高端市场品牌：注重精细化设计，如流畅接缝、隐藏式螺钉、模块化组合，提升产品的品质感，适用于高端医疗器械、精密检测设备。

② 如何让机械设备的形态更符合品牌文化

匹配品牌形象，塑造专属形态语言：

a. 直线 + 棱角，展现专业精密感，适用于工业设备。

b. 流畅曲线 + 不对称几何，突出创新，适用于智能制造设备。

功能与形态相辅相成：

a. 形态应服务于产品功能，避免仅追求视觉冲击力而影响实际操作和制造可行性。精炼设计语言，增强工业美感。

b. 通过合理的块面分割、比例控制、材料选用，让产品在简约中展现工业美学，减少不必要的装饰性元素。

优化细节，提高用户体验：

a. 减少锐角，提高安全性，优化边角设计增强舒适感。

b. 符合人机工程学，优化操作区域，确保高效便捷的用户交互体验。

③ 案例分享：如何通过形态提升产品识别度？

某包装自动化设备制造企业原有的开箱机在市场上缺乏明显的品牌特征，外观造型较为单一，整体协调性不足，与市面上的同类产品差异化不明显。此外，材质与配色上缺少品牌风格与亮点，导致产品的市场识别度较低。为了解决这一问题，设计团队对设备的形态进行了系统性优化，使其在视觉表现、品牌识别度和用户体验上都得到明显提升。

优化前的问题：

a. 形态单一，缺乏层次感。设备整体轮廓采用直板结构，缺少精细的块面处理，视觉上较为呆板，难以形成品牌记忆点。

b. 品牌识别度不强。色彩搭配缺少品牌独特性，与同类产品相似，市场辨识度较低。

c. 视觉统一性欠缺。不同区域的结构设计未形成整体视觉协调，导致产品在外观上缺乏系统化的设计语言，如图 3-33 所示。

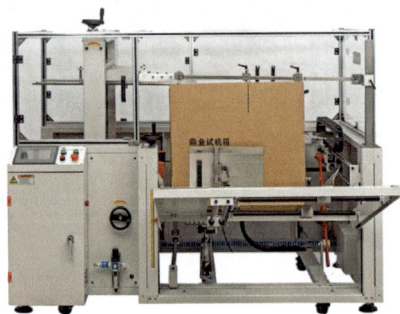

图 3-33 开箱机原实物

优化后的设计策略：

a. 块面分割，提升形态层次感。设计团队采用了块面分割＋圆角过渡的形态语言，使设备整体造型更具层次感和现代感，避免了原设计中过于生硬的直板结构。同时，块面的细节叠加让产品在视觉上更加精致，提升了整体的品质感。

b. 增加品牌识别元素，强化差异化特征。在优化后的设计中，团队引入了品牌的核心色彩，并在机身的操作面板区域、灯带装饰等关键部位进行点缀，使产品在视觉上形成鲜明的品牌印记。此外，设备右侧的蓝色灯带不仅增强了科技感，还在远距离观察时增强了品牌辨识度，使其在市场上更具竞争力。

c. 优化外观细节，提升整体协调性。设备的透明视窗区域采用了更流畅的边缘过渡，减少了视觉割裂感，使其与整体造型更加融合。同时，外壳拼接处使用隐藏式紧固结构，减少了螺钉裸露，提高了设备的一体化视觉感，并增强了防尘与清洁便利性，如图 3-34 所示。

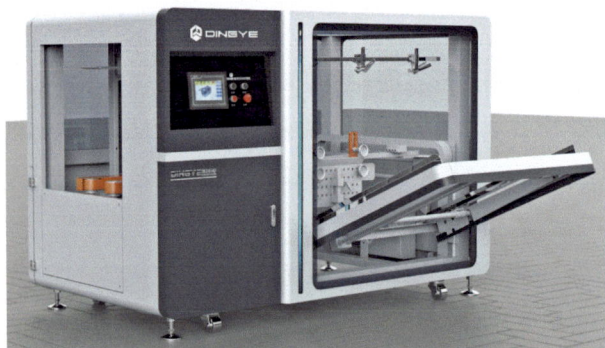

图 3-34 开箱机设计效果

对比总结：形态优化如何提升产品识别度？

优化后的设计不仅在视觉上更加协调，增强了品牌识别度，同时在产品形态上也形成了独特的设计语言，使设备在市场上更具辨识度。这一优化不仅是视觉升级，更是设计思维中"定义"与"迭代优化"阶段的实践。设计团队首先识别出原产品在形态、识别度等方面的问题，明确优化方向；随后，通过块面分割、细节优化、品牌色彩强化，提升产品的层次感和市场辨识度，使其在确保功能性的同时，也实现了品牌差异化表达，最终帮助企业建立起更鲜明的品牌形象，提升市场竞争力。

3.4 文化在设计实现中的体现

企业文化的落地，不仅是通过创意构思在设计中有所体现，更在于确保文化元素能够在实际制造和市场应用中顺利实现，并在产品中得以精准传递。这一过程要求设计师在确保设计理念完整表达的同时，兼顾制造可行性、市场需求和品牌塑造，在形式与功能之间找到平衡，使文化特色真正融入产品。而这不仅依赖设计本身，更需要跨部门协作，确保设计与生产、营销等环节保持一致，使文化特色贯穿产品生命周期，在市场上建立清晰的品牌认知。

3.4.1
文化元素的可执行性：从概念到落地

（1）文化元素在产品开发中的落地
企业文化的表达在概念设计阶段往往最具创意，但要真正转化为可量产的产品，需要面临设计、工程、生产之间的协同挑战，特别是在制造工艺、材料选择、产品结构、成本控制等方面需要权衡取舍。

三大关键阶段：

① 概念阶段　设计团队基于品牌文化、市场定位、产品特性，构思外观与形态设计，并形成视觉表现方案。在此阶段，重点是确保文化符号的表达方式既符合品牌调性，又不会影响产品功能性。

② 验证阶段　设计概念需要通过工程可行性评估，检验形态设计是否符合实际制造工艺要求。需综合考虑结构强度、材料选择、生产成本、装配方式等因素，确保方案可以实现批量生产。

③ 生产阶段　设计方案落地实施时，设计团队需要与工程团队、供应链团队紧密配合，对材料、结构、工艺细节进行微调，以适应制造的要求。关键是保证文

化元素不会因工艺限制而被弱化，确保产品最终形态依然能准确传达企业文化。

（2）文化元素落地的关键挑战

由设计转化为量产产品的过程中，可能面临以下主要挑战。

① 如何兼顾文化符号的美观性与制造可行性　文化符号往往依赖特定的形态、材质或工艺进行表达，而这些元素在制造过程中可能存在加工难的问题。例如，过于复杂的曲面或极细的纹理可能增加制造成本或降低生产效率，需要设计师在审美与制造之间找到平衡点。

② 如何确保文化特色不会因生产工艺限制而被弱化　在实际制造过程中，一些精细化设计可能因公差控制、生产工艺限制而被简化或调整，导致最终产品与原始设计存在偏差。例如某些品牌的标志性线条设计，如果工艺不匹配，可能会出现形态上的失真或变形。

③ 如何控制制造公差、优化材料与生产流程，以实现批量生产　机械设备通常要求严格的装配精度，文化元素的加入可能会影响零部件之间的公差要求，需在设计阶段提前考虑公差范围。生产流程的优化需要确保文化元素不会影响生产效率，避免因装饰性设计导致装配困难或增加不必要的制造成本。

（3）解决思路：让文化元素真正落地

① 快速原型测试：以小批量试产检验可行性　通过 3D 打印、CNC 加工或钣金打样等方式，快速制作样机，验证文化元素在材料、工艺、外观、装配方面的可行性。试产过程中，收集生产团队的反馈，提前发现并解决潜在问题。

② 跨部门评审机制：确保文化表达与制造需求的匹配　设立设计＋工程＋生产联合评审会，在产品开发初期就评估文化元素的可行性，避免后期因制造问题大幅调整设计方案。确保设计方案在不影响产品功能性与制造成本的前提下，完整保留文化表达的核心要素。

③ 数字仿真技术：提前优化制造可行性　在开发初期，引入钣金结构模拟、虚拟拆解分析、动画演示等数字仿真技术，可以帮助设计团队提前评估产品的制造可行性，并优化文化元素在实际生产中的实现方式。

a. 钣金结构模拟。针对复杂外观件，利用数值分析方法优化折弯、焊接或拼接方案，使设计不仅符合品牌形象，还能提升制造精度和结构稳定性。

b. 虚拟拆解分析。通过钣金拆解图纸进行装配仿真，模拟产品的组装与维护流程，确保文化特色设计不会影响装配效率，同时优化结构设计，提高维修便捷性。

c.动画演示。在设计阶段利用动画模拟产品的使用场景，评估文化元素如何与功能、用户体验相结合，确保最终产品的文化表达符合品牌调性。

④ 优化制造工艺，使文化元素更易落地　在实际生产中，文化元素的呈现往往受到制造工艺的影响。通过优化工艺手段，既能保留设计理念，又能提高生产效率和一致性。例如，将品牌标志性的雕刻工艺调整为激光蚀刻或模内装饰工艺（IMD），以提升制造效率，同时确保视觉效果的一致性。通过优化零件的装配方式，例如模块化拼接、隐藏式紧固件等，使文化元素在实际装配中得以完整呈现。

（4）案例分享：如何让文化特色真正落地？

① 背景：品牌调性强化与设计挑战　某液压机企业希望通过设计将其品牌核心理念"力量感与科技感"在新一代产品中强化。然而，原始设计方案未能充分体现品牌文化，缺乏足够的视觉层次感，整体外观在市场中与其他同类产品相似度较高，品牌辨识度较低。因此，设计团队的任务是通过优化外观设计，确保品牌文化能够真正落地，并提升设备的市场竞争力，如图 3-35 所示。

② 优化方案：文化特色的完美落地

a.形态设计与品牌调性一致。

原始设计：形态较为简约，缺乏视觉层次感和力量感。

优化后的设计：通过折线分割、斜面细节设计以及前倾式造型，强化了产品的层次感和动感，使其在视觉上更加鲜明并传达出"咬合"的力量感。

图 3-35　C 型液压机原设计方案

通过多维度的形态优化，确保了品牌的力量感与现代感得到有机体现，从而使品牌文化在形态中得到精准表达。

b.颜色和标志性元素的强化。为了确保文化特色能够顺利转化为设计语言，设计团队在颜色运用上延续了品牌的黑白主色调，并辅以黄色装饰细节。这样不仅提升了设备的辨识度，也让品牌的科技感与专业感得以鲜明呈现。黄色的点缀既保持了品牌的一贯性，又使产品在视觉上更具吸引力，成功地传达出企业的文化内涵。

c.科技感与安全性的双重提升。折线造型与装饰灯带的设计，不仅增强了设备的科技感，还提升了产品的辨识度。灯带在设计中不仅作为装饰元素，还具有功能性，能够在设备发生故障时通过红色警示灯提醒操作人员，进一步提高了设备的安全性和用户体验，使文化元素得以在功能性设计中得到完美落地。

d. 操作区域的人性化优化。在优化操作区域时，设计团队将操作面板与电箱分离，通过滑轨固定在设备侧面，增强了操作的灵活性。这样的设计不仅提升了人机交互体验，也使得文化元素的功能性表达得以更好实现，确保了设备的操作便捷性与文化传递的一致性。

e. 制造可行性与文化传递的平衡。在确保设计与文化特色实现的同时，团队还注重制造工艺的优化。通过钣金拆解图与虚拟拆解分析，设计师与生产团队密切合作，确保了设计方案在实际生产中的可行性和文化元素的无缝呈现。通过这一过程，文化特色与制造工艺得到了高度契合，使得文化元素在制造端得以完美落地。

③ 最终成果：文化特色的成功落地　优化后的液压机在市场上推出后，不仅提升了品牌的市场辨识度，还成功将文化特色落地。品牌文化通过硬朗的外观、细致的细节设计以及创新的科技元素得到了完美的体现，增强了产品的市场竞争力，并在行业内树立了更加鲜明的品牌形象，如图 3-36 所示。

图 3-36　优化后的 C 型液压机设计效果与实物

④ 总结：文化元素的系统落地　文化元素的成功落地不仅是创意与设计的结合，更需要工程制造、跨部门协作及细节优化的支持。在这个过程中，务实与创新的平衡至关重要。设计师通过从形态、颜色、工艺到制造的全面优化，确保品牌文化的精髓得以传达，同时避免过度理想化的设计，保证了可制造性和实用性。设计思维帮助团队在解决设计挑战时，始终将实际生产和功能需求放在首位，确保每个

细节在满足美学的同时，也能顺利进入生产环节。通过这种系统化、务实与创新相结合的策略，企业不仅能打造出具有强烈品牌识别度的机械产品，还能确保产品在市场上的竞争力与长远发展。

3.4.2
文化元素融入跨部门协作

文化特色的表达不仅是设计师的工作，而且是需要设计、工程、生产、供应链、营销等多个团队协同完成的系统性任务。跨部门的有效合作，不仅决定了文化元素能否完整落地，也直接影响产品的市场接受度和品牌形象。在落地过程中，团队需要明确各环节的责任，以确保文化元素能够在最终产品中得到完整呈现。

（1）跨部门协作的关键环节

① 设计与工程团队的协同　在产品早期开发阶段，工程师应参与设计评审，确保文化元素能够通过合理的结构设计、材料选择、工艺匹配实现。例如，在机械产品的造型优化过程中，某些视觉设计可能过于复杂，影响制造可行性，需要工程团队协助调整，使文化元素得以兼顾美观性与制造成本。

优化思路：设计师可以通过 3D 建模和虚拟拆解分析，提前评估设计对制造的影响，确保文化元素能够顺利实现；与工程团队密切合作，调整复杂设计，降低成本，确保生产顺利进行。

② 供应链的配合　供应商在制造过程中可能会根据材料、工艺限制调整产品细节，而这些调整可能导致文化元素被削弱。例如，一款强调科技感的设备可能希望采用高光烤漆，但供应链因制造成本或工艺原因改为磨砂涂层，这就可能影响最终的品牌调性。

优化思路：供应链提前介入设计环节，确保在供应商能力范围内实现品牌文化特色。通过小批量试产评估供应商的制造能力，避免大规模生产时发现问题导致成本上升或工艺调整。

③ 与营销团队的联动　文化特色的呈现不仅在于产品本身，还需要通过市场推广、视觉传播等方式增强品牌识别度，让目标客户能够直观感受到品牌文化的延续性。例如，一款包装设备采用了品牌标志性颜色与形态设计，但如果在营销物料（如宣传手册、展会展示、线上推广）中没有突出产品的文化特色，用户可能无法感受到其差异化。

优化思路：确保产品的外观设计与品牌视觉传播保持一致，在营销内容中强化设计背后的品牌故事。产品推广时结合设计理念，通过案例、用户反馈等方式，向市场传达品牌文化的价值。

（2）案例分析：如何通过跨部门协作让文化元素真正落地

① 背景：品牌升级与制造挑战　某智能自动化设备制造公司致力于在新一代热缩包装机的设计中强化其"高效与专业"的品牌调性。原设备面临着多个挑战，主要表现在色彩零散，配色缺乏品牌识别度，外观设计显得较为突兀，尤其是阶梯式的设计破坏了整体的简洁感，并且外露的合页影响了视觉效果。设计团队在初期方案中提出了极简的现代化设计语言，但在与工程团队讨论后，发现部分设计元素增加了制造和装配的难度，特别是复杂的钣金工艺和装配连接，可能导致制造成本增加、生产延迟，并削弱了品牌识别度，如图 3-37 所示。

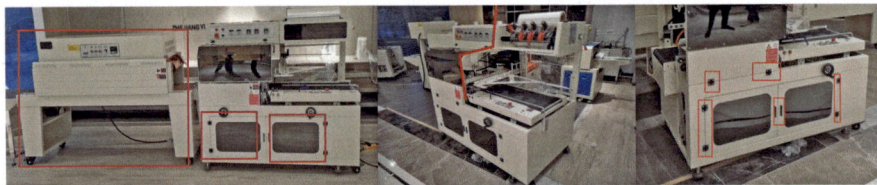

图 3-37　热缩包装机原设备

② 初期设计方案挑战分析

a. 叠加和折面增加了钣金加工的难度，导致了成本过高和生产效率低下问题。

b. 操作区域的设计复杂，气撑门与钣金罩壳的连接难度大，可能影响装配的便捷性。

c. 企业方认为外观设计未能充分展示品牌特色，品牌辨识度不强，难以突显与竞争对手的差异，如图 3-38 所示。

图 3-38　热缩包装机初期设计方案

③ 解决方案

a. 设计团队与工程团队联合优化。通过跨部门协作,设计团队与工程团队一起优化了外观结构,减少了不必要的复杂折面和几何切割,提升了钣金加工的效率。

操作区域的设计得到了优化,简化了气撑门和罩壳的连接方式,使得装配更加顺畅,确保了设计与生产的可行性。

b. 快速原型与试产验证可行性。通过 3D 打印和小批量试产,及时发现并调整了设计中可能影响生产的问题,确保了文化元素和结构稳定性得到兼顾。

在试产阶段,工程团队调整了公差问题,确保了最终量产版本与设计保持一致,避免了生产中的误差和问题。

c. 品牌视觉与营销端紧密配合。为了提升品牌识别度,设计团队采用了大面积亚克力材料,突出了设备的高效感和品质感,优化了面板的整洁性,彰显了专业性。

贯穿式灯光的运用不仅强化了设备的速度感和未来感,还增加了灯光的功能性,例如红色灯光用于警示提醒,提升了设备的安全性和视觉效果。

在市场推广中,结合优化后的外观和灯光设计,通过突出的品牌色彩和文化故事,进一步强化了品牌的市场定位和视觉识别度,如图 3-39 所示。

图 3-39　热缩包装机最终设计方案

④ 最终成果　通过跨部门协作与多方面的设计优化,最终设备的制造成本相较于初期方案降低了 15%,生产效率提高了 20%,同时成功将文化元素融入到设计中,确保了品牌特色的精准表达。在这一过程中,设计团队始终保持"务实与创新"的平衡,通过精简复杂结构、优化工艺流程,使设计不仅满足了制造可行性的要求,也保留了品牌的核心文化。设备的外观设计简洁高效,优化后的用户体验得

到了市场的高度认可，品牌辨识度显著提升，最终帮助企业在竞争激烈的市场上脱颖而出。这一成功案例展示了设计思维的核心价值——在创新的同时，务实地解决制造和功能的挑战，为企业打造具有市场竞争力的高品质产品。

3.5 本章小结

机械产品设计是一项将企业文化与产品功能巧妙融合的艺术与科学。本章深入探讨了如何通过设计将品牌文化与产品定位相结合，从而使机械产品不仅具备优异的性能，还能够在市场上脱颖而出。无论是通过统一的外观风格展现品牌的精髓，还是通过细节的精致处理传递企业的价值观，每一项设计决策都反映了品牌文化的内涵。

本章分析了如何通过企业标志、色彩和图形符号在产品上的应用，以及材料与工艺的选择，使品牌文化在产品设计中得以具体化。在此过程中，设计师需将抽象的品牌理念转化为可操作的设计元素，使其在每一款机械产品中得到有效呈现。同时，本章还探讨了如何将文化特征有机地融入设计构思，通过精确的细节落地，确保产品在实际制造中能够真正体现品牌的核心价值。跨部门协作在此过程中显得尤为重要，设计、工程、生产与营销等团队的紧密配合，确保了文化元素能够顺利实现，并在最终产品中展现一致性。

本章的讨论不仅帮助设计师理解如何灵活地运用文化元素，同时强调了在设计中兼顾功能性与文化表达的必要性。通过"务实与创新"的思维方式，设计师能够在解决设计挑战的同时，确保文化特色与制造可行性的有效融合。希望本章能够为读者提供新的视角，帮助其在机械产品设计中更好地传递品牌价值，进一步彰显企业文化，并提升产品的市场竞争力。

第 4 章
安全性为核心的机械设计

引言

在机械产品设计中，安全性不仅是一个技术要求，更是产品核心竞争力的重要组成部分。随着工业技术的不断发展和市场对高安全标准产品需求的提升，安全性已经远远超越了简单的合规性要求，它直接关系到品牌信誉、用户信任以及市场竞争力。如何在确保安全的前提下，使产品在功能性和美学设计之间达到平衡，是机械设计师必须面对的挑战。

本章将围绕机械产品设计中的安全性策略展开讨论，探索如何通过精细的外观设计，让安全性与美学、功能性相融合，使产品既符合严格的安全标准，又能带来卓越的用户体验。从安全性规划入手，我们将分析如何在设计初期考虑安全因素，确保外观设计既符合工程要求，又能减少使用风险；在细节优化层面，我们将探讨如何通过材料选择、边缘处理、可视化警示等手段，使安全设计不影响产品的整体美感；此外，我们还重点关注安全性验证，通过样机测试、用户体验评估以及国际认证等方式，确保设计方案真正符合市场与法规的要求。

在本章的最后，我们提供了安全性改进的实用优化建议，帮助企业在产品研发中，有效提升安全性标准，使产品更具市场竞争力。本章不仅是对机械产品安全设计策略的系统梳理，同时也结合了设计思维在安全性挑战中的应用，通过实际案例分析，展现如何在保障安全的同时，实现功能、美学与市场价值的统一。希望这些内容能够为读者提供思考方向，助力机械产品在满足功能需求的同时，凭借卓越的安全性从市场中脱颖而出。

4.1 外观设计中的安全性考量与规划

在机械产品设计中，安全性不仅是功能的一部分，它贯穿整个设计过程，从构思到制造再到最终使用。外观作为产品的"第一印象"，不仅要吸引人，还必须把安全性牢牢把握住。设计师需要从各个层面审视安全性，特别是在外观与功能紧密结合的过程中，如何在塑造美感的同时，确保每一处都能在使用中保障安全。这一过程要求设计师不仅要在"务实"中精准识别潜在的安全隐患，还要运用"创新"的力量去解决问题。在设计思维的引导下，设计师能跳出局限，从全局角度审视每个细节，确保所有设计既符合功能性要求，又能带来视觉享受。通过巧妙平衡"务实与创新"，设计师不仅能满足工业性能需求，还能最大限度地保护使用者的安全，让产品在实用与美观之间游刃有余。

4.1.1
外观与安全性：从设计开始的思考

（1）优化建议：安全性与美学的平衡
在机械产品设计中，安全性与美学的平衡不仅是设计的挑战，更是确保设备长期有效运行和保护用户安全的关键。通过以下几个方面的优化，设计师能够确保产品既美观又符合最高的安全标准。

① 简化设计：避免有安全隐患的复杂性　在设计过程中，简洁是安全的首要条件。避免复杂且可能带来安全隐患的设计，尤其是锐利的边缘和容易暴露的危险部件。采用简洁的几何造型和圆角边缘设计，可以消除锋利的边缘和操作人员触碰的可能，降低操作中的伤害风险。例如，通过圆润化设计和合理的曲线，避免操作人员触及角落可能造成的划伤或割伤。

在设计中尽量避免过多的装饰性元素，简化的外形不仅让产品更易操作，还能减少生产产品过程中的潜在风险。通过这种简化，既能提升视觉美感，又能大大降低安全隐患。

② 功能与安全并行：确保操作无忧　安全应始终与功能并行，确保设备满足其功能需求的同时，操作人员的安全不可忽视。例如，操作面板和按钮区域的设计应该符合人机工程学，确保它们的布局便于操作，避免误操作或因设计不合理而导

致的事故。

设计时，按钮和手柄的表面应设计为防滑材质，以防因湿滑或操作不当造成意外伤害。此外，电气部分也应采取防护措施，例如良好的电气隔离和触电保护，以确保设备和操作人员的安全。

③ 加强结构性设计：避免潜在的结构隐患 结构性设计是机械产品安全性的核心要素之一，对确保设备的稳定性和安全性至关重要。优化设计时应避免外露机械部件或危险部位，合理布置动力系统、传动系统、刀具等高风险部件，尽可能将它们隐藏或用防护罩包裹起来，以避免意外伤害。

例如，在机械设备的外壳设计中，所有电动机和动力系统应使用保护罩遮盖，以减少直接接触的风险。传动系统和刀具等应考虑是否加装锁紧装置或防护网，以避免工作人员在操作时接触到旋转或锋利的部件。

④ 易维护设计：提升使用设备时的安全性 除了外部安全设计，易于维护的设计也是保障长期安全的关键。机械设备的外壳、易维护部件应尽量采用模块化设计，使得操作人员可以快速且安全地进行设备检修与部件更换。模块化的设计不仅可以提高工作效率，还能降低维护人员在维护设备时的安全风险。

同时，设备应设置明显的指示系统，在出现故障时能帮助操作人员迅速识别问题并采取措施。例如，设计师可以引入警报器，在出现故障时，确保使用者能即时了解设备的状态。

⑤ 安全检测与反馈机制：设计中融入即时反馈 安全性还应在设备使用过程中不断被监测和反馈。通过引入实时监测系统，可以使设备在运行时能随时获取操作和安全数据。例如，设计操作系统时，可以加入温度、压力、湿度等监控装置，及时报告异常状况，并通过控制面板或触摸屏显示设备的健康状态。

同时，产品设计还应包括紧急停止按钮或断电装置，这样可以迅速中止任何可能导致伤害的危险动作。所有这些安全机制应清晰标示，且便于操作人员即时采取行动。

案例分析：高速中底封袋专用制袋机安全性设计优化

在原设计中，设备头部裸露的部件存在一定的安全隐患，尤其是在操作过程中，暴露部件容易引发意外伤害。为了解决这一问题，设计团队对设备外观进行了重新规划和优化，从安全性角度出发，对原设计进行了几项关键的改进。

设计团队针对设备头部裸露的结构进行了封闭式罩壳设计，不仅消除了裸露部件带来的安全隐患，还有效避免了操作人员在使用过程中的误触或意外碰撞。这一改进在外观上呈现出更为简洁现代的设计风格，同时确保了设备的操作安全性。

罩壳采用了透明材质（亚克力），既提供了必要的保护，又能够让操作人员实时监控设备的工作状态。通过透明设计，操作人员可以在保证安全的情况下，轻松观察设备的运作，及时发现并解决潜在问题。

设计团队还加入了运行灯光功能，这不仅提升了设备的科技感和现代感，还可起到了警示作用，尤其是在设备运行中出现异常时，灯光可以起到提示作用，这进一步加强了设备的安全性和操作人员的警觉性。

通过这些优化，设计团队不仅提升了设备的美观性和现代感，还显著增强了设备的安全性，减少了潜在的事故风险，同时为用户提供了更直观的操作体验。这一优化过程充分体现了如何通过"设计思维"引导创新，同时保证设计的务实性和可行性，从而打造出更加安全、更加智能且富有吸引力的设备，获得了用户的高度评价，如图4-1、图4-2所示。

图 4-1　高速中底封袋专用制袋机原设备

图 4-2　优化后的高速中底封袋专用制袋机

（2）安全设计的多重考虑

在机械产品设计过程中，安全性是不可忽视的重要因素。随着机械设备功能的复杂化和操作环境的多样化，设备的设计不仅要满足高效能和高精度的要求，还必须保障操作人员的安全。从外部防护到内在结构的优化，再到维护过程的安全设计，每个环节都至关重要。设计师需要在这些不同的方面做出全面的安全设计考虑，以确保设备在全生命周期中都能最大限度地降低安全风险。

① 外部安全　机械产品外观设计首先需要考虑到外部部分是否可能与操作人员产生直接接触，尤其是传动部件、裸露支架等部位，如果未对其进行适当的防护设计，可能会导致操作人员在操作过程中受伤。因此，设计师应设计防护盖、保护网等，将这些危险部件完全遮挡，以避免操作人员不小心接触到它们。

此外，在进行防护设计时，设计师还需确保防护措施与设备的整体美学保持一致。例如，通过精细的分层设计，可以清晰划分设备的各个功能区域，同时增强外观的现代感和视觉冲击力。护栏、扶手等部分的设计也应经过优化，确保既具有足够的功能性，又能提升视觉美感，从而在保证安全性的同时，保持设备的现代感与工业气质。

案例分析：大型液压机外部安全设计优化

在大型液压机的优化设计过程中，原始设备存在裸露支架和零散功能区，这不仅影响了设备的整体视觉效果，还带来了一定的安全隐患，尤其是在操作区域和传动部件等部位，若未加以防护，容易导致操作人员在使用过程中受到伤害。因此，在设备外观优化时，设计团队专注于提升外部安全性，确保操作人员的安全，同时保持设备的美学设计，如图 4-3 所示。

图 4-3　大型液压机（HLYPN-500）原设备

a. 分层设计与优化防护结构。设计团队采用了分层设计思路，将设备分为顶部控制模块、中部操作区域和底部支撑结构三大部分。通过这种分区设计，不仅使设备的功能区域划分得更为清晰，且有效避免了裸露零部件的直接暴露，减少了安全隐患。为了进一步强化外部安全，设计团队在裸露的传动部件周围安装了防护盖和保护网，确保操作人员在使用时无法接触到这些危险部位。

b. 优化护栏与扶手设计。原有的护栏设计厚重且结构不够稳固，存在不小的安全风险。在优化后的设计中，护栏通过螺栓固定，确保了功能的可靠性和安全性，同时通过合理的结构调整，使护栏从视觉上不再显得笨重，提升了美感。扶手的设计经过了多次优化，不仅增大了顶部扶手的尺寸，使其更符合人机工程学，还减少了下部体积，并采用镂空设计，既减轻了整体重量，又增添了现代感。

c.底部蜂窝网孔装饰结构。在设备底部，设计团队加入了蜂窝网孔装饰结构，这一设计不仅提升了设备的散热功能，减少了潜在的机械热积聚，还增加了整体的视觉美感，强化了设备的工业品质感。这个设计确保了设备在性能与外观之间的完美平衡，如图 4-4 所示。

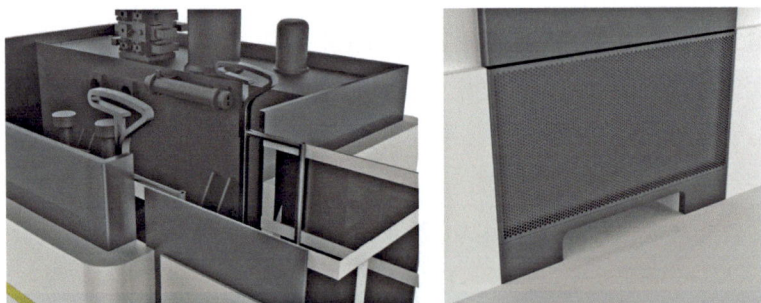

图 4-4　顶部扶手和底部蜂窝散热装饰孔

d. 总结。通过这些设计优化，设计团队不仅提升了设备的美观性和现代感，还显著增强了设备的安全性，降低了潜在的事故风险，并为用户提供了更直观的操作体验。这一过程充分展示了如何通过"设计思维"引导创新，同时确保设计的务实性和可行性。细致的外观设计不仅保障了使用安全，也保留了美学效果，彰显了设计思维在解决实际问题上的力量。优化后的设备不仅更具吸引力，还获得了用户的高度评价，如图 4-5 所示。

图 4-5　大型液压机设计方案

② 内在安全　除了外部防护，设备的内在结构设计同样关键。许多机械产品都包含电气系统、液压系统、动力系统等，这些系统存在一定的潜在威胁，尤其是在高气压、电气故障等情况下。因此，设计师需要通过密封设计、加强系统的隔离等手段，防止这些危险扩展到外部，保障操作人员的安全。此外，设备的内置安全机制，如紧急停止按钮、过载保护系统等，必须充分考虑，确保一旦发生故障，设备能够自动停止运行，避免不必要的伤害。

③ 维护安全　设备在日常维护时存在潜在的威胁，尤其是对于维护人员来说，

设备的拆卸和清洁过程可能会有意外风险。因此，设计师在设计时应考虑到如何减少维护过程中可能发生的安全隐患。对于可拆卸部件，应设计成易于操作并且拆卸方式安全，以确保维护人员在检查和维修设备时不会受到伤害。例如，可以使用锁扣装置、安全锁定开关等，以确保拆卸部件时维护人员不会被困或受到意外伤害。

4.1.2
外观设计的安全考量

机械产品的外观设计不仅是为了吸引目光，它的每一个形态、每一处细节都应考虑到用户的安全。产品外观的优化有助于减少对操作人员的潜在威胁，设计师可以通过多种方式优化外观结构，使产品在保证安全性的同时，展现出独特的魅力。

（1）圆滑边缘设计

通过圆滑边缘设计和优化设备外形，可以进一步增强设备的安全性和美观性。在设计中，锐角和锋利的边缘常常是潜在的安全隐患，而采用圆滑设计显著降低了风险。在外观设计中，圆润的边缘不仅有效提高了安全性，还为设备带来了现代感和流畅感，降低了操作人员与设备接触时的潜在风险。采用弧形或圆形的外壳，并通过无缝连接减少暴露部件，这种设计不仅增强了安全性，还提升了产品的视觉吸引力和市场竞争力。

案例延伸： 在某全自动扣压机的外观设计中，设计师通过引入圆滑边缘设计，成功降低了锐利边缘带来的安全隐患，同时优化了设备的外形，使其更具现代感和流畅感。与此同时，通过采用无缝连接结构，设计团队有效地减少了设备的暴露部件，进一步提升了产品的安全性，如图 4-6 所示。

（2）人机工程学与细节优化

安全性并不仅是关于防护措施的，它也与人机工程学密切相关。操作区域的设计应考虑人体自然姿势，减少长时间操作带来的身体负担和潜在伤害。设备的按钮、手柄、操作面板等区域需要考虑防滑功能，以提升操作的安全性。同时，合理的设计布局能够减小误操作的可能性，提升产品的易用性和舒适度。细节的优化增强了操作人员的安全感。

（3）模块化设计与安全维护

设计师还应当将模块化设计理念融入到设备外观和结构中，以便在设备出现故障时，维护人员能够快速、安全地进行维护。模块化的设计使得设备部件可以分开组装与更换，避免了因维护不当而导致的安全隐患。通过可拆卸外壳、模块化防护结构等设计，维修和更换部件的过程变得更加便捷，同时也大大降低了维护人员在维修过程中的安全风险。

图 4-6   全自动扣压机设计案例

实践示例：全自动覆膜机模块化设计与安全性优化

① 背景   某全自动覆膜机在原设计中（图 4-7），操作面板和部分高风险部件缺

图 4-7   覆膜机原设备

乏适当的隔离，尤其是在操作区域和电气系统之间，可能导致人员进行日常操作或设备故障处理时，直接接触到有潜在危险的部件。原设计中，设备的高风险部分与操作区域直接相连，人员必须靠近设备内部进行操作和维护，从而增加了发生事故的风险。

② 策略　为了提升设备的安全性和可维护性，设计团队采用了模块化设计，特别是在操作面板、驱动系统和电气系统之间做了优化。通过引入嵌入式、可滑动的操作面板和独立的模块化设计，确保高风险部件与操作区域充分隔离，避免了操作人员误触危险区域。同时，面板的滑动设计让操作人员能够方便地接触到控制系统，同时避免了原设计中可能存在的裸露组件和高压部件暴露问题。

③ 实施　嵌入式可滑动操作面板：操作面板的嵌入式设计不仅提升了外观的简洁性，还有效避免了操作过程中由于设备面板外露造成的潜在碰撞风险。面板采用可滑动设计，便于操作人员在不同的工作状态下灵活调整视角，减少了不必要的接触，从而增强了操作安全性。此外，面板与设备外壳的无缝连接，有效减少了内部零部件暴露，进一步提升了设备的整体安全性，如图 4-8 所示。

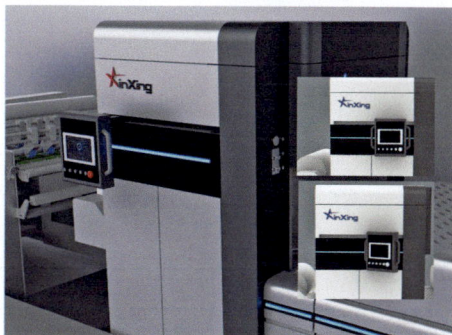

图 4-8　操作面板设计方案

模块化设计与安全防护：所有高风险区域和组件，如电气系统、传动系统和热源部分，都采用了独立的模块化设计。这些模块与操作区域通过坚固的安全防护罩和锁扣系统进行有效隔离，确保人员只能在安全区域内进行日常维护。模块化设计使得设备部件的更换和维修更加便捷，人员无需接触到设备的危险区域，就能完成必要的操作和维护，如图 4-9 所示。

④ 总结　这一系列设计优化显著提高了设备的操作安全性，特别是在设备出现故障时，人员能够迅速、有效地进行维修，同时有效避免了潜在的安全风险。通过模块化设计与嵌入式操作面板的改进，设备的维护变得更加简便，降低了因错误操作带来的风险。在实际应用中，设备的维修效率提高了 15%，安全隐患减少了 20%，如图 4-10 所示。

这些优化不仅提升了设备的现代感和科技感，还增强了其市场竞争力，提升了整体可维护性与效率，降低了维修过程中的安全隐患，为企业节省了大量维护成本。这个案例也充分展示了如何通过"设计思维"优化设备安全性与操作体验，并在提升产品竞争力的同时，推动企业发展。

图 4-9　覆膜机不同组件与区域

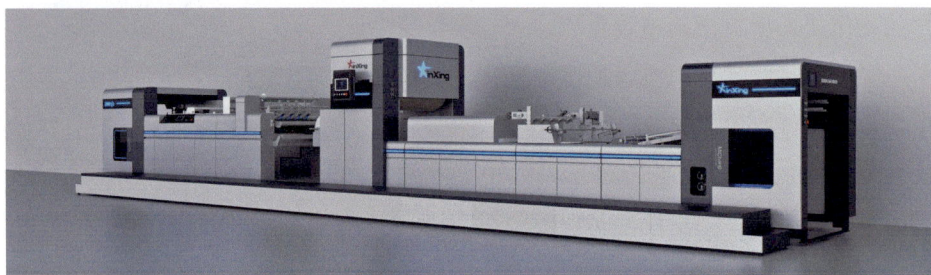

图 4-10　优化后的覆膜机设计方案

4.2　外观细节设计中的安全性优化

在机械产品的外观细节设计中，安全性优化至关重要。外观不仅要吸引用户，还需要通过精心设计减少潜在的安全隐患，确保操作的安全性。通过细节优化，设计师可以在提升产品美观性和功能性的同时，有效提升用户的操作舒适性和安全性。设计思维在这一过程中发挥着重要作用，帮助设计师在追求创新与现代感的同时，注重每个细节的安全性。通过"务实与创新"的设计方法，外观设计不仅能够增强视觉吸引力，还能提升设备的安全性，确保产品的整体功能和用户体验完美结合。本节将深入探讨如何在外观细节设计中优化安全性，使安全功能与美学效果和谐统一。

4.2.1
防护装置与外形美感的平衡

防护装置是机械设备运行的安全保障，但其功能性通常让外观设计显得笨重且缺乏美感，往往给人以粗糙、工业化的印象。在现代机械设备的设计中，特别是在高端市场，对外形美感的要求与日俱增，如何实现防护功能与外形美感的和谐统一成为设计师的重要课题。成功的设计不仅要确保设备的安全性，还需通过设计语言赋予其现代感和高品质的视觉效果。

小贴士：防护装置和设备罩壳的区别

防护装置：通常指的是那些为保障设备内部组件或操作人员安全而设置的保护性结构，常见的如防护网、防护罩、紧急停止按钮等。这些部件的设计往往侧重于功能性，确保设备运行的安全性。

设备罩壳：它是整个设备的外部包裹外壳，起到保护内部组件、增强设备稳定性和美观性的作用。设备罩壳通常涵盖整个设备外形，并且在现代机械设计中，罩壳往往与外形美感和品牌形象紧密相关。

（1）一体化设计
一体化设计是指将防护装置与设备罩壳融合的设计策略，旨在通过创新的造型设计去除独立外露的防护部件。这种设计不仅优化了设备的视觉效果，使其更加简洁流畅，还提升了设备的整体功能性，确保外观与安全性之间的平衡。

实施方式：在实际设计中，紧急停止按钮、急停开关以及其他常见的安全装置可以通过嵌入式设计与设备外壳表面结合。设计师将这些按钮和开关巧妙地嵌入外壳面板，采用隐蔽式或凹槽式结构，使其更加整洁，且易于操作。通过合理划分操控按钮区域，设备外观与功能得到了无缝融合，同时减少了按钮之间的重叠和复杂感，使得操作界面更加简洁。

优点：这种设计不仅提升了设备的美观性，使其外观更加简洁流畅，还增强了功能性。通过减少裸露部件，避免了视觉杂乱，并提升了专业感和科技感。隐蔽式和凹槽式结构优化了操作面板布局，确保操作便捷且安全，特别是在紧急情况下能快速反应。此外，这种设计还减少了部件磨损，延长了设备的使用寿命，如图 4-11 ~ 图 4-13 所示。

图 4-11　立式覆膜机原设备

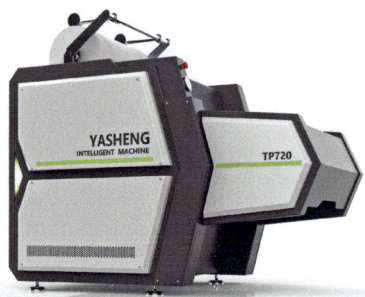

图 4-12　采用一体化设计的立式覆膜机　　图 4-13　立式覆膜机按键区域和防护网设计方案

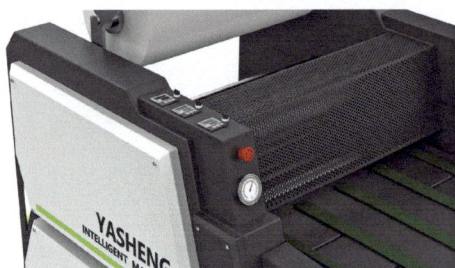

（2）材料选择与工艺优化

材料的选择和表面工艺的优化是提升设备外观和安全性的关键。通过精心挑选适合的材料，并结合先进的表面处理技术，能增强设备的防护功能。

高强度透明材料：选用高强度透明玻璃或亚克力作为防护罩材料，能够在提供防护功能的同时，让设备内部的运转机械清晰可见，增强科技感和开放性。

金属防护件：采用轻量化铝合金网罩或不锈钢护板取代传统塑料。通过阳极氧化、电镀或喷涂等工艺，赋予防护件高级感。

工艺处理：防护件的边角可进行圆角打磨处理，避免因锐利边缘导致潜在安全隐患，同时提升触感与视觉流畅度。

（3）模块化与隐藏式设计

模块化与隐藏式设计的结合在机械产品外观设计中能够极大地提升产品的功能性和美观性。通过这种设计，防护装置不仅能提供有效的安全保护，还能以更灵活、更方便的方式集成到设备中，既保证了安全性，又不会影响外观的整体性。

应用示例：在某设备设计中，设计团队采用了可拆卸的透明护罩和集成于外壳内部的隐藏式防护板。这种设计方式使得防护装置可以轻松拆卸或隐藏，从而方便设备的维护、清洁和检修。透明护罩不仅提供了对内部部件的保护，还允许操作人员在安全的情况下观察设备运行状态；而隐藏式防护板则有效地减少了设备外部的复杂感，提升了整体的简洁度，如图 4-14、图 4-15 所示。

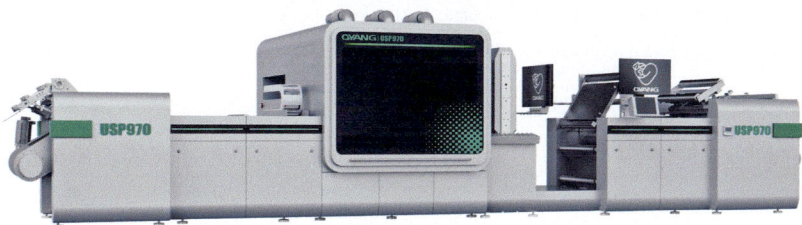

图 4-14　UV 喷墨数码印刷机设计案例

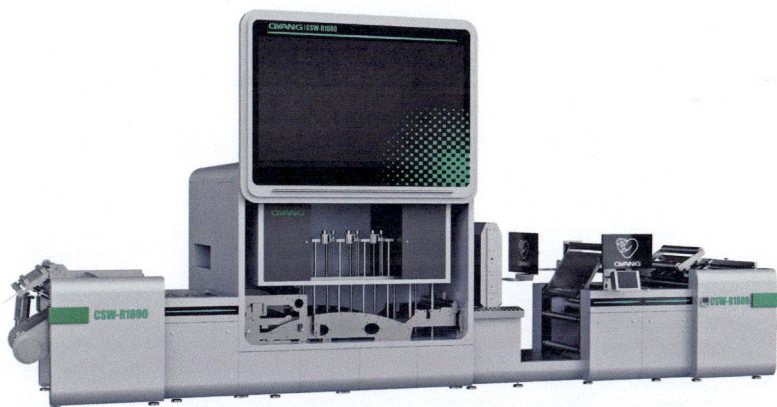

图 4-15　可拆卸的透明护罩和隐藏式防护板

小贴士：隐藏式防护板

隐藏式防护板是一种嵌入或集成在设备外壳内部、通常在不使用时不显现的防护结构。它的作用是提供额外的安全保护，防止操作人员或维修人员接触到潜在的危险部件，但在正常情况下，它是"隐藏"的，不会影响设备的外观或操作流程。

优点：模块化设计为设备提供了更大的灵活性，尤其是在维护和定期更换时，可以单独替换损坏的部分，而无需对整个设备进行大规模拆解，节省了时间和成本。与此同时，模块化的防护装置便于个性化定制和升级，可以根据不同需求进行不同的防护设计或更换。通过隐藏式设计，防护装置与设备外观无缝融合，避免了突兀的外露部件，提升了设备的现代感和美观性。

（4）可视化与交互设计

可视化与交互设计不仅是为了提高产品的美观度，而且其在现代设备设计中扮演着至关重要的角色，尤其是在功能与视觉效果的协调上。将防护功能融入交互设计，通过细节的创新，能够大大提升用户体验和设备的使用效率。

① 紧急停止按钮的设计　传统的紧急停止按钮通常功能性强但设计平凡。通过引入光环发光按钮设计，可以提升按钮的互动性和视觉效果。

a. 绿色光环（正常状态）。当设备正常运行时，绿色光环亮起，显示是稳定状态，传递安全感和可控性，如图 4-16 所示。

b. 红色光环（紧急状态）。设备出现故障或进入紧急状态时，红色光环亮起，快速传达警示信息，确保操作人员及时响应，如图 4-17 所示。

图 4-16　某款智能视觉检测设备正常状态　　图 4-17　某款智能视觉检测设备紧急
　　　　　急停按钮灯光　　　　　　　　　　　状态急停按钮灯光

② 增强用户交互感的设计细节　在工业设备的设计中，交互性不仅限于按钮的功能，还可以扩展到更广泛的视觉提示系统和动态反馈。

a. 液晶显示屏与图形化界面。一些高端设备可能配备液晶显示屏，用于显示设备的运行状态、维护周期、警报信息等。通过图形化的界面，操作人员可以更加直观地了解设备的工作状态，并在需要时通过触控界面进行操作，如图4-18、图4-19所示。

图 4-18　自动多级穿钉铆接设备设计案例

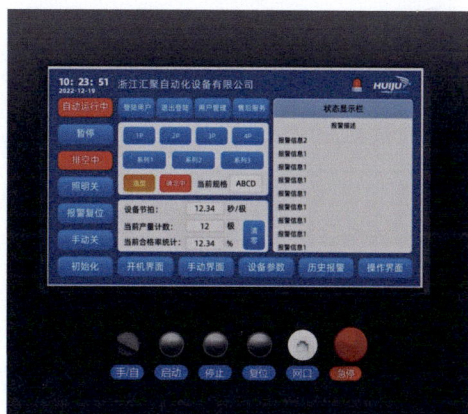

图 4-19　自动多级穿钉铆接设备液晶显示屏交互设计

b. 声音反馈或振动提示。除视觉外，结合声音反馈或振动提示也是提升交互设计的有效手段。例如，当设备出现故障时，不仅可以通过光环的颜色变化来传达信息，还可以通过发出警示音来提醒工作人员。

c. 动态状态指示灯或条形图。某些设备可以配备动态的状态指示灯或者条形图显示设备当前的工作负载、温度、压力等参数。这些动态显示元素通过色彩变化或长度变化，使得设备的实时状态更加清晰易懂，用户可以快速判断设备是否处于正常工作状态。状态指示灯通常采用绿色表示正常运行，采用黄色表示待机或预警，采用红色表示故障停机，如图4-20所示。

图 4-20　全自动双通道板材花式机状态指示设计案例

③ 用户体验的深度挖掘　在设备设计中，越来越多的制造商开始注重用户体验，而交互设计就是提升用户体验的关键因素之一。通过智能化感应系统、个性化设置、智能调节等功能，用户不仅是在与机械设备进行互动，更是在与智能化产品建立联系。

a. 智能感应与自动调整。一些设备通过感应系统自动检测环境变化，如温度、湿度、光线强度等，自动调整设备的运行模式和防护状态。例如，当环境条件发生变化时，设备的防护装置可能会自动开闭，确保设备在最适合的环境中运行。

b. 自定义操作界面。高端设备常配备可以根据使用者需求进行自定义的操作界面，允许用户设置设备的个性化操作模式和界面显示方式。这不仅提升了设备的个性化，同时也让操作更加符合用户的使用习惯和偏好。

（5）案例分析

在某款吹膜机的设计过程中，设计团队面临设备外观零散、缺乏整体感的挑战。原设备造型缺乏层次感，多个部件连接生硬，外观显得较为机械且缺乏现代感。由于设备高度超过10m，整体视觉效果分散，难以呈现统一协调的外观，如图4-21所示。

图4-21　吹膜机原设备

为了解决这一问题，设计团队与工程部门紧密合作，对设备外观进行了全面优化，具体优化方案如下。

① 一体化设计　在优化后的设计中，设备外部的各个部件通过一体化设计自

然融合，避免了原设计中各个部分割裂的视觉效果。设备罩壳与设备各个部件的线条得到了更好的整合，使得设备外形更具层次感和立体感。

② 材质选择与工艺优化　为了提升外观和功能性，设计团队通过优化的喷涂工艺，使设备表面更加光滑，呈现出高端的视觉效果。

③ 在防护装置的设计上，团队采用了集成化处理，将防护装置与设备罩壳巧妙结合，避免了传统护罩的突兀感和笨重感。黑色防护装置与白色设备罩壳通过精心设计，有机融合在一起，形成了统一且流畅的外观，既保障了设备安全，又提升了整体美感。

④ 动态安全指示系统　为了增加设备的互动性和用户体验，设备罩壳内嵌了 LED 灯带，正常状态下显示蓝色光环，表示设备运行正常；而在出现故障或紧急状态时，光环会变为红色，直观传递设备的状态信息，如图 4-22、图 4-23 所示。

⑤ 经验总结

a. 安全与美观兼备。防护装置的优化不仅满足了安全需求，还在视觉上增加了层次感和立体感，提升了产品的整体美感。

图 4-22　优化后的吹膜机设计方案

图 4-23　故障时吹膜机指示灯的红色状态

b. 功能性与易用性平衡。防护装置设计在保障设备安全的同时，注重了便捷的维护和操作，集成化设计有效实现了这一目标。

c. 文化与品牌体现。优化设计中融入了品牌的文化和设计语言，提升了产品的辨识度和品牌影响力。

重新设计后的吹膜机不仅符合现代工业设计理念，还展示了企业的品牌价值。这一优化也体现了务实与创新的平衡，设计团队在确保产品安全性的同时，融合了现代感和高品质的视觉效果。通过设计思维，从功能性到美学的创新提升了设备的市场竞争力，强化了品牌形象，带来了产品的成功。

4.2.2
避免锐角、遮挡与通风口等设计细节

在机械外观设计中，细节优化对于提升设备的安全性和用户体验至关重要。诸如锐角、遮挡以及通风口布局等细节，虽然看似微不足道，却可能成为影响设备安全性和使用便利性的关键因素。如果这些设计不当，不仅会对操作人员造成潜在危险，还可能影响设备的性能和外观的一致性。因此，在机械外观设计中，如何有效优化这些细节，使其既满足安全需求，又实现美观与功能的平衡，成为设计师必须面对的重要课题。

（1）边缘处理优化：让安全与美观兼得

边缘设计在机械外观设计中十分关键，尖锐的边缘可能对操作人员造成伤害，同时也影响设备外形的流畅度。

① 设计思路　对设备外部边缘进行圆润处理或过渡设计，特别是在操作区域、维护口及裸露部件上，避免使用可能引起刮伤或磕碰的锋利边缘。

② 效果提升　这种处理不仅能有效降低安全风险，还能让设备整体外形更为柔和，提升视觉舒适度，同时确保设备外观的流畅感和现代感。

（2）合理布局：功能与美感的平衡

遮挡和不合理的布局往往会增加操作和维护的难度，甚至影响设备的使用效率。

① 操作部件的可视性　设计时应确保关键部件（如按钮、显示屏、连接端口）清晰可见，方便用户快速找到并操作。

② 维护通道的优化　所有需要定期维护的部件，应设计在易于接近的位置，并避免过多的外壳遮挡，以减少维护时间和降低维护难度。

③ 散热孔的科学布置　通风口的设计不仅要保证内部热量能够迅速排出，还要避免产生噪声和灰尘堆积。通风口应合理分布在热量集中区域，以确保设备在长时间运行时保持性能稳定。

（3）通风与散热优化：安全运行的保障

高效的散热设计是高速设备运行的基础，尤其是长时间高负荷运行的设备。

① 透气材料的选择　在设备罩壳上，设计师可以选择使用金属网格或高强度塑料透气板作为通风孔的材料，既能确保散热功能，又兼顾了视觉美感。

② 格栅设计　通风孔的外观设计可以采用一体化的格栅样式，与设备的整体造型融为一体。这不仅增强了设备的科技感，还保持了统一的外观风格，如图4-24、图4-25所示。

图4-24　集通风、散热为一体的吹膜机设计

图4-25　通风、散热装置设计细节

（4）案例分析：安全与美感并重的高速分切机设计优化

① 背景与挑战　在某全自动高速分切机设计项目中，设计团队发现设备的外壳设计存在多个问题。

a.操作区域的按键布局不够合理，导致操作不够便捷，视觉效果不明显。

b.设备边缘的锐角设计增加了操作人员磕碰的风险。

c.散热性能不足，设备在高负荷运行时容易出现过热现象，如图4-26所示。

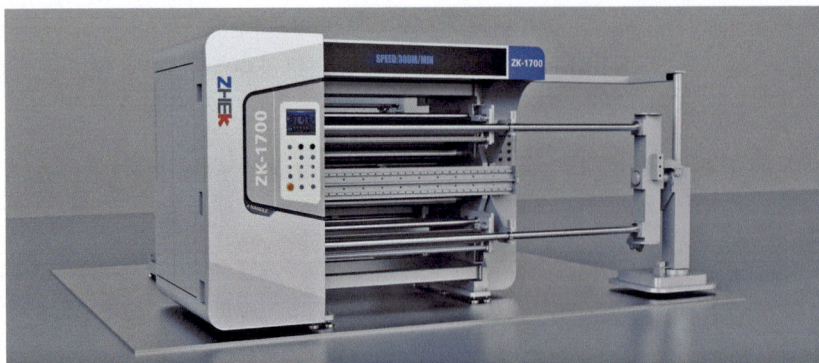

图 4-26　高速分切机原设备

② 解决方案与优化

a. 操作区域优化。设计团队重新布局了设备操作区域的按键，使其更加符合人机工程学，提升了操作的便捷性。操作面板周围的按钮更加显眼，不仅优化了视觉效果，还改善了操作体验，确保操作人员在高压环境中能够迅速、精准地完成操作。

b. 边缘设计优化。设备左侧的锐角区域被优化为斜面造型，既消除了安全隐患，又提升了设备的现代感。新增的灯箱不仅增强了科技感，还通过运行状态指示功能使设备状态更加直观，以便于监控。

c. 散热系统升级。对设备的散热系统进行了重新设计，增加了两处通风口。一处位于设备正面下方，另一处设置在左侧电箱附近。通过合理布局，这些通风口有效提升了散热效率，并与外壳造型相融合，增强了设备的整体美感。

d. 一体化美学设计。操作面板、通风口、灯带和灯箱与设备罩壳的整体造型紧密结合，形成和谐的外观。优化后的操作面板按钮更加显眼且便于操作，提升了视觉效果。通风口采用简洁的网格设计，与设备风格匹配，避免了杂乱感。灯带和灯箱增强了科技感，并提供直观的运行状态指示，确保了外观的统一性和与美学的平衡，如图 4-27、图 4-28 所示。

③ 经验总结　该项目的成功不仅为企业打造了一款兼具安全性与美观性的高端产品，也为机械外观设计树立了一个理想的平衡范例。设计团队在确保功能与安全的基础上，通过精心打磨外观细节，赋予了设备更强的视觉冲击力。这样的设计理念，不仅提升了产品的市场竞争力，也为机械设计的未来发展提供了宝贵的经验。

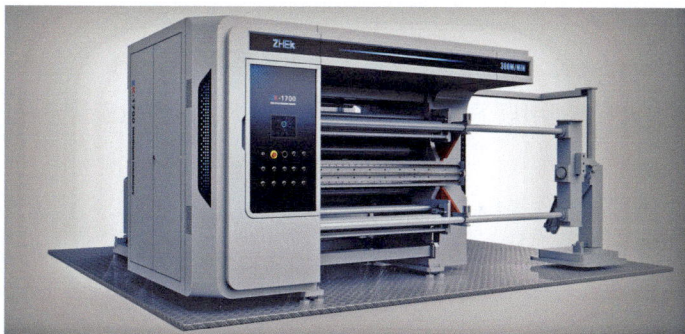

图 4-27　优化后的高速分切机

图 4-28　故障状态的高速分切机

4.3　安全性外观设计后的验证与实际应用

在机械产品设计中，安全性至关重要，通过将安全性融入外观设计，设计师不仅需确保设备的美观，更要关注其功能性与使用便捷性。在此过程中，务实与创新的平衡是关键，设计师要在保障安全的基础上进行创新，利用用户反馈和验证来进一步优化设计，确保设计方案既符合预期，又具备市场竞争力。这种优化也体现了设计思维的用户中心理念。

4.3.1
外观设计提升安全性的验证方法

外观设计的安全性不仅需要通过创意阶段的理论分析，更需要通过科学的测试和严格的验证来确保其在实际使用中的可靠性和实用性。全面性和规范性的验证环节，是外观设计从美学提升到安全保障的重要桥梁。设计师应结合用户实际需求和行业安全标准，利用以下验证方法，将设备外观设计的安全性提升到一个新高度。

（1）用户测试与操作模拟

在机械产品设计中，用户测试与操作模拟是验证外观设计合理性的重要手段。通过真实用户的参与，可以直观了解设计是否符合人机工程学要求，是否存在潜在风险，以及如何进一步优化操作体验。

① 测试方法　邀请实际用户参与设备操作测试，设置模拟环境来观察用户在使用设备过程中的行为，包括站姿、手部接触、移动路径等。重点验证外观设计是否会对操作造成干扰或带来潜在危险。

② 评估重点

a. 是否存在边缘部分对用户手部或身体其他部位割伤的风险。

b. 操作界面的高度、按钮布局是否符合人机工程学，是否降低了误操作风险。

c. 使用过程中，用户是否能够轻松识别并快速接近关键功能部件（如紧急停止开关）。

③ 实际应用　在机械设备操作过程中，通过观察用户的实际操作路径，优化了操作面板的角度和高度，使得用户能够轻松完成任务，且避免了因过度弯腰或伸展带来的疲劳和风险。

（2）碰撞与伤害模拟

在机械设备的外观设计中，安全性至关重要，而碰撞与伤害模拟能够帮助设计师在产品落地前发现潜在风险。通过先进的计算机仿真工具，对设备边缘、角度及材料进行测试，可以有效降低使用过程中可能出现的安全隐患，提升整体安全性和用户体验。

① 测试方法　在机械产品设计中，有限元分析（FEA）软件（常用的有限元分析软件包括 Ansys Mechanical、Abaqus 等）被广泛应用于模拟和评估产品的结构性能。通过对设备外观的边缘、角度、表面纹理等细节进行碰撞测试，工程师可以预测设计中可能存在的安全隐患，并在产品制造前进行优化。

此外，虚拟动画模拟也常用于机械产品使用场景的仿真。通过创建产品的三维模型，设计团队可以直观地观察产品在实际操作中的表现，识别潜在问题，并进行相应的改进。

②验证内容

a. 边缘或尖锐角度是否会造成割伤或擦伤。

b. 表面材料是否具备足够的抗冲击能力，以防止因外力作用导致变形或碎裂。

c. 设计的外形是否对频繁接触的区域（如按钮周围、扶手等）提供了适当的保护。

③优化措施　根据模拟结果，设计师可以进一步调整边缘的圆滑度或替换更安全的材料，如采用柔软的橡胶包覆或采用光滑的金属边框。

（3）长期使用模拟

在机械设备的设计中，确保外观在长期使用中依然安全可靠至关重要。长期使用模拟测试能够帮助设计师提前发现由于磨损、老化或高强度运行可能带来的安全隐患，并有针对性地优化材料和结构，提升产品的耐用性与安全性。

①测试方法　通过设备的长期使用模拟测试，评估外观设计是否在实际运行中保持安全性。例如，通过反复开合门板或长时间接触高温表面，测试材料的耐用性及安全性。

②关注点

a. 锐角和边缘是否会随着使用磨损而变得更危险。

b. 表面涂层是否能长期保持耐腐性和抗污能力，以避免出现可能影响安全的外观变化。

c. 设备在高强度环境中的运行表现，例如高频使用下的外壳强度、散热孔的热传导效果等。

③测试案例　平板印刷机的耐久性优化

在平板印刷机的设计中，为满足高强度作业环境对设备稳定性的需求，设备罩壳需要具备优异的耐磨性和抗腐蚀能力。然而，在长期使用过程中，部分设备外壳因受印刷环境中的油漆挥发物及高温影响，出现了涂层老化、表面剥落的问题，甚至在某些高温区域形成了细微裂纹，影响了设备的使用寿命和稳定性。

针对这一问题，设计团队通过多次与企业工程师团队沟通，并一起进行了材料分析和环境模拟测试，确认了外壳老化的主要原因是涂层耐腐蚀性能不足，以及局部温度过高导致材料退化。为提升设备的耐久性，团队采取了以下优化措施。

a. 选用高耐磨性钢材作为罩壳内部核心材料。通过更换高耐磨性钢材，增强罩壳在高强度作业中的稳定性，提高关键部件的耐用性，从而减少了其因长期使用而导致的机械应力疲劳，提高整体结构强度。

b. 采用先进的耐腐蚀处理工艺。针对印刷作业环境中存在的油漆挥发物和化学腐蚀因素，罩壳表面涂覆了特殊的耐腐蚀涂层，并优化了涂层附着工艺，使其在长时间运行后依然保持完整，有效防止了涂层剥落和性能退化。

c. 优化散热孔布局。通过热仿真分析印刷机在高负荷运转下的温度分布，重新调整散热孔的位置和尺寸，以改善空气流动，降低罩壳表面的热积聚效应，减少因过热导致的材料疲劳和裂纹问题，如图 4-29 ~ 图 4-31 所示。

图 4-29 平板印刷机设计案例

图 4-30 平板印刷机机组部分散热孔设计方案

（4）验证策略

① 与工程团队合作

协同验证：设计师在外观设计验证阶段，应主动与结构工程师、安全专家以及质量团队合作，通过团队协作，确保设计方案不仅符合行业安全标准，还能够在实际生产中得以高效实现。

② 规范化检测流程

a. 流程化检测。为每个外观设计环节制定标准化的检测流程，包括初期验证、中期测试和最终验证等阶段。每项设计改动都需经过安全测试、用户反馈和工程评估，确保所有设计都经过严密审查。

b. 常用规范。参照 ISO、CE 等国际安全标准，根据设备类型进行测试。

③ 数据驱动的设计验证

a. 采集与分析。在测试过程中，通过收集用户操作数据、故障发生率等信息，评估设计的实际表现。结合数据分析结果，及时对设计方案进行调整。

图 4-31　平板印刷机散热孔细节

b. 动态调整。基于数据反馈，验证防护装置的有效性，调整通风孔尺寸与位置，以实现散热与安全的平衡。

（5）经验总结

通过外观设计提升设备安全性，需要理论与实践相结合，这正是"务实与创新"在机械产品设计中的核心体现。验证过程的科学性和全面性决定了设计的最终成效，而这不仅是对安全性的要求，更是对设计思维深度的考验。设计师应从用户体验出发，运用系统化的方法论，将理论分析与实际测试结果结合，以确保产品既美观又安全。

在这一过程中，"务实"体现在对用户操作环境的精准研究，如通过圆滑化处理减少割伤风险、优化功能布局提高操作便捷性、模拟长期使用确保耐用性等，每一个细节调整都源于真实的使用需求。而"创新"则是在这些基础之上，利用新材料、新工艺、新测试方法，让产品在安全性的基础上更具市场竞争力。

因此，安全性外观设计不仅是对风险的规避，更是设计思维的实践——在创新中寻找更优解，在务实中确保可行性。无论是材料选择、结构优化，还是人机工程学调整，都应以用户需求为出发点，兼顾产品的功能性、耐用性与视觉美感，最终实现安全性与市场认可度的双赢。

4.3.2
用户体验与安全性的改进反馈

用户体验与安全性是机械外观设计中相辅相成的两个重要维度。一个出色的外观设计不仅需要满足视觉美学，还必须保障设备在使用过程中的安全性。建立有效的反馈机制并进行持续优化，是提升用户体验和安全性的关键。

（1）反馈机制

① 一线操作人员反馈　操作人员是设备的直接使用者，对设备的安全性和操作便捷性具有最深刻的感知。他们的日常使用体验能够帮助设计师发现许多在理论分析和模拟测试中可能忽略的问题。

a. 反馈内容。

• 操作时是否存在边缘或结构对手部或身体其他部位的潜在伤害。

• 操作按钮、显示屏或紧急开关的位置是否合理。

• 防护装置是否会影响设备的维护便捷性。

b. 实施方式。通过定期访谈或问卷调研，与一线操作人员进行直接交流，收集他们在使用设备过程中对安全性的真实体验。

② 用户调查与市场反馈　用户的评价和市场反馈是检验产品安全性和用户体验的重要指标。通过设备投放市场后的实际使用情况，能够有效评估外观设计是否达到预期的安全标准。

a. 反馈内容。

• 用户对设备整体安全性和易用性的满意度。

• 是否有因外观设计引发的安全事件或潜在隐患。

• 对设备外观设计中防护、操作、可视化等方面的改进建议。

b. 实施方式。利用用户回访、线上用户调研、售后服务数据等多种渠道，广泛收集反馈意见。

（2）问题排查与改进

① 方法　针对用户反馈的问题，设计师需要进行深入分析，确认是否存在外观设计缺陷导致的安全隐患。对于确有问题的部分，应快速制定优化方案，并通过设计迭代消除隐患。

② 问题复现与验证　在收到操作人员和用户反馈后，设计团队要进行现场观

察，并在模拟环境中复现问题。让不同身高、不同工作习惯的操作人员在设备上执行日常操作，并重点记录以下问题。

a. 边缘刮伤风险验证。使用柔性材料手套在设备边缘区域进行触摸测试，确认哪些部位的锐角或棱边可能导致划伤。

b. 人机工程学测试。观察操作人员长时间作业后的姿态，分析按钮和操作面板是否需要重新布局，并通过测量不同操作习惯下它们的受力情况，验证优化空间。

c. 误操作排查。检查关键功能（如紧急停止开关）的可视性和可达性，评估是否需要调整颜色、尺寸或位置，以提高紧急情况下的操作效率。

（3）优化方案实施与验证

在明确问题后，设计团队制定优化方案，并通过原型测试和用户验证确保改进的有效性。优化措施如下。

① 优化设备外壳边缘　所有外露的锐角和棱边进行倒角处理，接触频繁的区域增加柔性防护层，以减少直接碰撞带来的伤害。

② 调整操作界面布局　将按钮、面板高度调整到符合人机工程学的舒适操作范围，并在紧急开关附近增加触觉标识，确保操作人员可以在紧急情况下迅速找到并触发。

③ 材料升级　在高频接触部位采用更耐磨、更耐腐蚀的材料，防止因长时间使用导致其外观劣化或安全性下降。

（4）优化案例：多格餐盒机的安全与操作优化

在原设备使用过程中，部分用户反馈其上部机械结构裸露，存在误触风险，影响安全性。同时，操作面板较低，按钮布局不合理，导致操作人员长期使用后易疲劳，并增加了误操作的可能性，如图4-32所示。

① 问题分析与反馈机制　设计团队通过一线操作人员访谈和现场观察，深入分析了设备的使用场景，并确认了以下关键问题。

a. 安全隐患。上部机械结构裸露，缺乏防护罩，增加了误触风险，影响操作安全性。

b. 操作便捷性不足。设备的可视化程度低，操作人员难以快速定位关键功

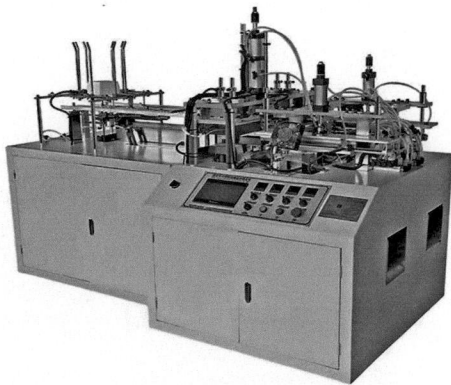

图4-32　双淋膜多格餐盒机原设备

能区域，影响操作效率。

c. 人机工程学欠佳。原操作面板较低，按钮和控制区域布局不合理，导致操作人员需频繁弯腰或伸展，长时间使用后易产生疲劳。

② 解决方案与优化措施

a. 增加防护罩，提升设备安全性。

• 封闭裸露机构：采用全封闭罩壳，增加透明防护门，提升安全性与科技感。

• 优化视窗设计：采用高强度透明面板，以便于观察运行状态，减少误操作。

• 增加安全开关：优化了设备的安全联锁机制，当操作人员打开防护罩时，设备将自动暂停运行，确保维护和调整过程中的安全性。

b. 优化操作面板，提高可视化与操作便捷性。

• 调整面板高度：符合人机工程学，减少弯腰伸展，降低疲劳感。

• 提升界面可读性：采用分区设计，突出高频按钮与急停开关，减少误操作。

c. 设备整体美观性与工业设计优化。

• 优化结构比例：采用紧凑设计，提升科技感与专业感。

• 采用模块化设计：采用可拆卸面板，以方便维护，提升防护等级。

③ 结果与市场反馈　经过这些优化，改进后的多格餐盒机在市场中投放后获得了更加积极的用户反馈。

a. 安全性大幅提升，降低误碰风险。

b. 操作体验优化，减少疲劳，提高效率。

c. 外观更现代，品牌形象升级。

d. 维护更便捷，减少停机时间。

此次优化不仅解决了原设备的裸露安全问题，也在"务实与创新"理念下，提升了设备的外观、功能和用户体验，最终实现了安全性与市场认可度的双重提升，如图 4-33 所示。

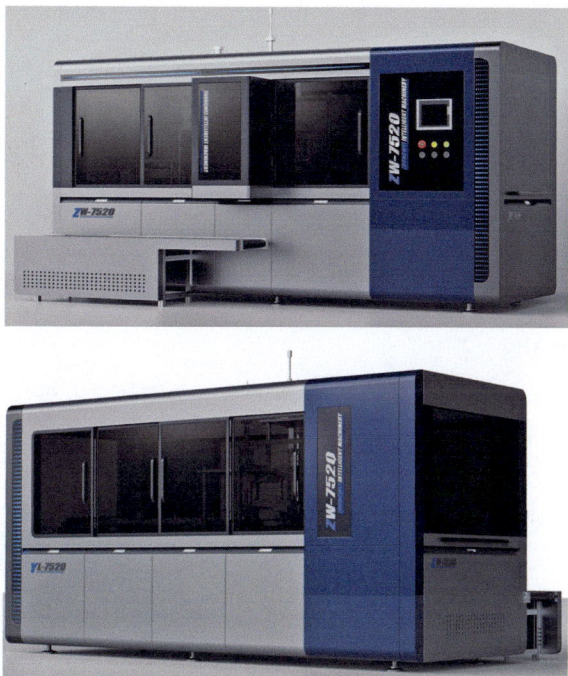

图 4-33 双淋膜多格餐盒机设计效果

4.3.3
开槽机设计优化与安全验证实践

（1）背景：企业诉求与设备优化的必要性

开槽机作为提升纸盒美观度的核心设备，其设计不仅要体现企业的核心技术优势，还需加强设备的智能化、稳重感，以打造更具品质感和系列化风格的产品。然而，原设备在设计上存在以下问题。

① 安全性与操作体验问题

a. 裸露结构安全性不足。运动部件缺乏有效防护，存在误触风险，影响操作安全性。

b. 操作界面不合理。面板过低，操作人员需要弯腰甚至蹲下查看设备运行情况，影响工作效率。

c. 按钮布局零散，容易误触，增加操作风险。

② 外观与品牌辨识度问题

a. 造型拘谨，缺乏流畅性，未能充分展现企业特色与产品竞争力。

b. 配色比例不协调。红黑配色过于跳跃，缺少沉稳感，不利于塑造高端品牌形象。

c. 产品系列特征不明显。不同款设备缺乏统一的设计语言，系列化不强，品牌辨识度较低。

③ 结构整体性不足

a. 模块化割裂感明显，影响视觉统一性。

b. 维护与拆装不够便捷。

基于以上问题，设计团队围绕安全性、操作便捷性、外观品质、结构等方面进行全面升级，以打造更符合企业品牌定位的产品，如图 4-34 所示。

图 4-34   全自动数显开槽机原设备

（2）解决方案与优化措施

① 优化外观与配色，提升品牌辨识度

调整红黑配色比例：采用 PANTONE 1795C 号红，在黑色的沉稳感与红色的视觉冲击力之间取得平衡，提升设备整体品质感。

增强系列化风格：统一造型、色彩、材料，使不同型号的设备既有品牌连贯性，又能体现差异化。

优化结构比例：调整罩壳设计，使设备整体看起来更加紧凑、协调，增强视觉一致感，提升品牌辨识度，如图 4-35 所示。

图 4-35　全自动数显开槽机设计后配色和原配色方案对比

② 优化操作界面，提升人机工程学体验

a. 调整操作面板布局。优化交互体验，提升操作便捷性。

• 取消零散式布局，采用底板整合方案，使操作界面更加规整，与整体造型融合。

• 底板材质升级为不锈钢，增强耐用性，同时提升视觉对比度，使操作区更醒目，减少误操作。

• 优化面板角度与位置：原面板几乎垂直于地面，操作人员需弯腰查看，使用不便；新设计的面板调整为倾斜式布局，使操作更直观，符合人机工程学，减少低头与弯腰频率，提高了舒适性与操作效率。

b. 新增急停按钮。在设备左右两端分别增设急停按钮，便于操作人员在紧急情况下迅速停止设备运行，提高安全性，如图 4-36 所示。

③ 提升安全性，增加防护措施，优化观察窗口

图 4-36　全自动数显开槽机操作界面设计方案

a. 隐藏式防护罩与拆装便捷性。

• 采用内嵌式把手设计，顶部翻盖配备了气压杆助力，操作更便捷，同时避免了外部把手破坏整体设计的美感（图 4-37 中 1 号位置）。

• 罩壳固定方式改进为挂扣式结构，便于维护和拆装，同时增强了一体化设计感（图 4-37 中 2 号位置）。

b. 观察窗优化。

• 2 号位置的大块有机玻璃替代了镂空金属，使设备更加通透，同时方便操作人员观察内部运行状态。

图 4-37　全自动数显开槽机防护罩设计方案

• 2 号位置的观察窗可上翻打开，保持原有操作方式，同时增强了维护便利性。

c. 加强安全防护（图 4-38）。

• 1 号位置：侧面增加了黑色亚克力遮挡板，与设备外壳铰链连接，可翻折调节，运行时固定在 20° 角，以确保安全操作。

• 2 号位置：优化侧面防护，防止误触运动部件，以提高安全性。

• 3 号位置：采用独立固定结构，便于维修时拆卸，同时保证结构稳固。

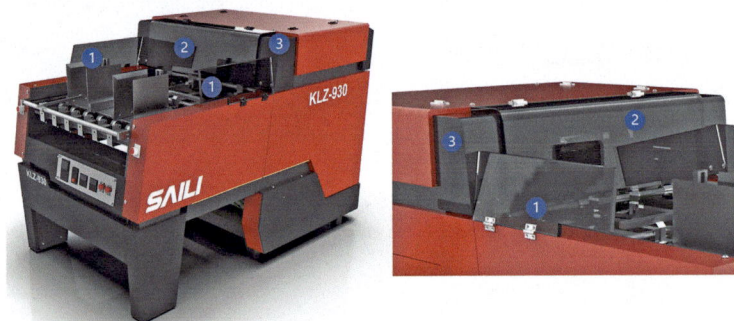

图 4-38　全自动数显开槽机安全操作细节

④ 提升维护便捷性，提高设备可操作性

a. 后门改为上下推拉式。

• 上部推门上推后，可与内部形成维护空间，以便于调整机械结构（图 4-39 中1 号位置）。

• 下部推门向下拉推，在设备安装地脚的情况下，与金属板保持平齐，不影响维修操作（图 4-39 中 2 号位置）。

图 4-39 全自动数显开槽机后门设计方案

b. 传送带优化。

• 传送带增加侧边外壳包裹，梯形分层结构呼应整体设计，同时预留调整部件和螺钉接口，确保功能性不受影响，如图 4-40 所示。

（3）设备优化后的市场反馈

优化后的开槽机在市场中投放后，用户反馈明显改进。

① 品牌形象提升　全新配色方案和一体化设计，使设备更具系列化风格和科技感，品牌辨识度增强。

图 4-40　全自动数显开槽机传送带设计方案

图 4-41　全自动数显开槽机优化后实物

② 操作体验优化

a. 站姿即可完成控制操作，减少了弯腰查看设备运行的需求，提高了工作舒适性。

b. 优化后的操作面板更直观，误操作率降低 25%。

③ 安全性升级　隐藏式防护罩＋观察窗优化＋急停按钮布局，大幅提升了操作安全性，降低了意外风险。

④ 维护更便捷　模块化拆卸结构让设备维

护时间减少 20%，提高了维护效率，降低了运维成本，如图 4-41 所示。

（4）结论：智能·稳重，打造更具竞争力的开槽机

此次优化围绕企业目标，使产品在安全性、操作便捷性、外观品质等方面实现了全方位提升，展现了实用性与创新性的有机结合。

智能化：优化操作界面与交互方式，提升操作直观性，使设备更符合现代化生产需求。

稳重感：调整色彩搭配、结构比例和系列化风格，增强品牌一致性，塑造更专业的设备形象。

功能与美学并重：在满足设备安全性与操作便捷性的同时，确保整体设计逻辑清晰，优化维护方式，使设备在稳定性与视觉表现力之间找到平衡。

这一优化过程实际上是设计思维的"原型验证"阶段的实践。通过对原设备的深入分析，结合用户反馈，优化关键设计要素，并在实际应用中验证其合理性，确保方案既符合使用需求，也具备市场竞争力。最终，优化后的开槽机不仅提升了产品竞争力，也使其更符合企业系列化、智能化、可持续发展方向，为后续升级奠定了良好基础。

4.4 外观设计符合安全认证的标准与改进

在机械产品设计中，除了美学和功能性要求外，还需要使安全性遵守各种国际安全认证标准。这些认证标准如 CE、UL 等，要求设备在设计、生产、使用过程中必须符合特定的安全要求。设计思维在这方面起到关键作用，指导设计师在安全标准与产品创新之间取得平衡。外观设计不仅影响设备的市场接受度，还直接关系到产品是否能够顺利通过认证。通过合理优化结构、提升交互体验，使设备不仅能满足安全标准，还能确保实用性与创新性的结合，进一步提升产品的市场竞争力。

4.4.1
外观设计与安全认证的结合

安全认证，如 CE（欧盟）、UL（美国）、ISO（国际标准化组织）等，不仅是产品进入全球市场的准入许可，更是衡量产品安全性、可靠性和可操作性的重要标准。在机械设备设计中，如何在合规要求与产品创新之间找到平衡，是提升产品市场竞争力的关键。

在多年的机械产品设计实践中，我们总结出以下关键设计要点，以确保外观设计既符合安全认证要求，又能兼顾产品的实用性与视觉美感。

（1）关键设计点与认证要求

① 防护设计：避免直接接触危险部件

a. 设计要求。

• 外观设计需覆盖所有可能带来伤害的部件，包括旋转轴、传动装置、高温区域、高压电气接点等。

• 设计师应确保这些部件被坚固耐用的防护罩、挡板或壳体覆盖，以防止意外接触，同时符合 CE、UL、ISO 等安全认证标准。

b. 实施方法。

透明防护罩（适用于需可视化的危险区域）：

• 采用高强度透明材料（如聚碳酸酯或钢化玻璃），确保防护罩既能有效防护危险部件，又不会影响操作人员的视线。

• 透明防护罩应具备防刮、耐冲击性能，并可在必要时拆卸或开启，确保维护便捷性。

小贴士：机械产品设计中常见透明防护罩材料对比见表 4-1。

表 4-1　常见透明防护罩材料对比

材料	优势	劣势	适用场景
亚克力（PMMA）	透明度高，轻便，易加工，成本低	抗冲击能力较弱，易碎，耐高温性一般	低风险区域的透明防护，如防尘罩、操作面板窗口
聚碳酸酯（PC）	抗冲击性强（亚克力的 250 倍），耐高温，耐磨，不易破裂	易刮花，成本较高	高风险区域防护，如高速旋转设备、工业机械护罩
钢化玻璃	高透明度，耐刮擦，耐高温，耐化学腐蚀	重量大，易碎，安装复杂	高温环境（如加热设备）、高防护需求场景
夹层安全玻璃	破裂后仍保持整体性，不易飞溅伤人	成本高，重量较大	超高安全要求，如汽车挡风玻璃或特殊防护设备

隐藏式防护设计（适用于非高频维护区域）：

• 通过设备结构优化，将旋转部件、电机传动结构等隐藏在设备内部，仅在必要维护时通过可拆卸面板暴露，降低误触风险。

• 采用联锁安全机制，确保当防护罩打开时，设备自动停止运行，符合国际安全认证标准（如 CE 要求的安全互锁设计）。

c. 优化建议。

• 增加安全警示标识：在透明防护罩和隐藏式防护结构周围，应贴有醒目的安全警示标识，提醒操作人员潜在的风险。

• 符合人机工程学：防护罩的开启方式应符合人机工程学，避免过度烦琐的拆卸流程影响维护效率。

• 防护罩固定方式的优化：建议使用快拆式螺栓或磁吸固定方式，在不影响防护效果的情况下，提高拆装便捷性。

② 稳定性与结构强度：确保设备不倾倒或变形

a. 设计要求。

• 外观与结构设计需兼顾稳定性和受力优化，避免因重心偏移、外力冲击、负载超限导致设备倾倒或变形。

• 需符合国际安全认证标准（如 CE、ISO、UL）的抗冲击、耐压、抗振动测试要求，确保设备在长期使用中保持结构完整性。

b. 实施方法。

宽基底设计（提升整体稳定性）：

• 增大设备底座面积，优化重心分布，确保设备即使在高负载或高速运转状态下仍能保持稳固。

• 设置防滑垫或可调节支脚，以适应不同地面条件，减少因地面不平导致的晃动或倾斜。优化内部支撑（增强结构强度）。

• 在外观设计中，融入加强筋、框架式支撑结构，确保设备在受力时不发生形变，提高整体刚性。

• 采用力学分析 [如有限元分析（FEA）] 优化受力分布，避免应力集中导致的疲劳损坏。

材料选择（提升耐久性）：

• 机械设备外壳通常采用冷轧板、热轧板、镀锌板、不锈钢、铝型材等金属材料，不同应用场景选择不同的材料，以确保外壳的耐用性、结构强度和环境适应性。

• 在高强度、轻量化或特殊环境（如耐腐蚀、耐高温）需求下，也可选用高强度合金（如航空铝合金）、工程塑料（如 PA、PC）或复合材料来优化设备性能。

• 通过表面处理工艺（如喷涂、电泳、防腐镀层）进一步增强材料的耐腐蚀性、抗氧化性，延长设备的使用寿命。

c. 优化建议。

• 优化结构设计，提高材料利用率：通过有限元分析（FEA）优化受力结构，在确保强度与刚性的前提下减少材料浪费，提高设备整体耐久性与制造成本效益。

• 通过表面处理工艺提升长期耐用性：针对不同材料采用合适的喷涂、电泳、防腐镀层等表面处理工艺，提高其耐腐蚀性、抗氧化性，并减少因环境因素导致的性能衰退，确保设备在长期使用中保持稳定性。

• 采用模块化设计，增强维护便捷性：通过快拆式面板、可更换耐磨件等设计，使设备在长期运行中易于维护和更换关键部件，延长设备整体使用寿命。

（2）认证标准对外观设计的具体影响

各种国际安全认证标准（如 CE、UL、ISO）对设备的外观设计有明确要求，涵盖防护、安全、环保、材料选用和人机工程学等多个方面。设计师在产品开发阶段需充分考虑这些标准，以确保设备不仅符合法规要求，还能优化用户体验，提升市场竞争力。在与企业的长期合作过程中，我们总结了以下主要认证标准对外观设计的具体影响，并将其作为产品设计和优化的重要参考。

① CE 认证（欧盟市场）

a. 关注重点：健康、安全、环境保护。

b. 外观设计要求。

• 电气防护：所有带电部件必须隐藏或使用防护罩覆盖，确保用户无法直接接触，以降低触电风险。

• 环保要求：设备外壳及表面涂层需符合环保法规，不得含有有害物质（如铅、镉、六价铬等）。

• 防护性：设备必须符合机械安全指令（Machinery Directive），确保所有防护装置牢固、稳定，不会因长期使用或受外部冲击而松动或脱落。

• 可视化安全警示：紧急停止按钮、警示灯、设备运行状态指示等必须清晰可见，以帮助用户快速识别设备状态，提高操作安全性。

② UL 认证（美国市场）

a. 关注重点：电气安全和火灾风险控制。

b. 外观设计要求。

• 防火材料：设备外壳和防护罩需采用阻燃材料，符合 UL94 标准（如 V-0 级），确保设备其在电气故障时不会助燃或引发火灾。

• 绝缘设计：外观设计需确保电气部件的有效绝缘，防止用户接触带电部件，避免触电风险。

• 热管理：散热孔、风道口、金属散热片等设计必须合理，确保设备在高负荷运行时不会过热，避免电子元件损坏或引发火灾。

• 操作安全性：按钮、触摸屏等交互界面应符合人机工程学，避免误触，同时确保紧急开关处于显眼、易操作的位置。

③ ISO 认证（国际标准）

a. 关注重点：综合的机械安全标准，确保其全球市场通用性。

b. 外观设计要求。

• 机械安全：设备需符合 ISO 12100 的安全设计原则，确保所有防护装置的牢固性、可维护性和可靠性，减少使用中的风险。

• 人机工程学：按钮、显示屏、操作台等设计需符合 ISO 9241 的人机工程学标准，确保用户操作的便捷性、舒适性和安全性，减少长期操作给人体带来的疲劳感。

• 操作可视性：设备的状态指示灯、条形图显示、信息面板等应清晰可见，避免因信息不明确导致误操作或安全隐患。

• 模块化与易维护性：ISO 认证强调可维护性设计，如快拆式面板、可更换滤网、便捷的检修口等，确保设备易于维护，降低长期使用成本。

（3）优化策略：设计与认证要求的协同

① 与工程团队合作　在设计初期，设计师应与工程团队、安全专家共同审核设计方案，确保其符合各种安全认证标准的要求。例如，在设备外壳材料的选择上，与材料工程师协作，挑选既满足认证标准要求又符合设计语言的材料。

② 模拟测试与验证　在设计过程中，利用仿真工具对结构稳定性、防护性能和环境适应性进行模拟测试，可有效提升设计的可靠性。例如，在满足 UL 认证要求的前提下，可以通过高温、高湿环境测试评估设备外壳的耐热性、抗老化性及材料稳定性，确保外壳不会因长期暴露在极端环境中而出现变形、开裂或涂层脱落。此外，还可进行跌落冲击测试、振动模拟、腐蚀耐久性测试，确保设备外观设计既满足安全认证标准，又能在复杂工况下长期保持稳定性和耐用性。

③ 融合认证要求与美学设计　在满足认证标准的前提下，机械产品外观设计不仅要保证安全性和功能性，还需通过创新的设计语言提升设备的视觉吸引力。例

如，在防护罩设计中，可采用透明材料以提升可视性，同时确保符合安全防护等级；或结合镂空纹理，在保证防护性的同时，赋予设备更强的科技感和轻量化特征。此外，通过合理优化线条、色彩搭配和材质对比，让设备在符合安全认证的同时，也具备更高的品牌辨识度和市场竞争力。

4.4.2
设计助力产品通过安全认证

在机械产品设计中，外观设计不仅是美学与功能的结合，还直接关系到设备的安全性和市场准入。特别是针对不同市场的安全认证（如 CE、UL、ISO 等），外观的结构合理性、材料选用和防护设计对顺利通过认证至关重要。设计师在追求创新与品牌识别度的同时，必须确保设备外观能够满足安全防护、操作便捷性、耐久性等认证要求，实现合规性与设计美学的平衡。

（1）设计助力安全认证的关键策略

① 提前了解认证标准　设计师需要在设计初期就全面研究目标市场的相关认证标准，避免在后期修改中增加不必要的成本和时间。

a. CE 认证（欧盟）。关注机械安全、电磁兼容性（EMC）、低电压指令等。设计师需确保产品的外壳能够有效保护用户免受电击或机械部件伤害。

b. UL 认证（美国）。强调电气防护和火灾风险。设计中需要采用阻燃材料，防止设备在高温或电气短路时发生火灾。

c. ISO 标准（国际）。覆盖机械安全、人机工程学和环境影响，要求设计在操作安全性和可持续性上做到平衡。

② 与工程团队协作　外观设计中的许多安全性考量，需要设计师与工程师和安全专家紧密协作才能实现。

a. 材料选择。设计师需与材料工程师合作，挑选既符合美学需求又能满足防护功能的材料，如防火、防撞或抗腐蚀材料。

b. 结构优化。通过与工程团队讨论，优化外观设计中如护罩、按钮布置、通风口等关键结构，确保其符合认证要求。

c. 动态测试。与安全工程师共同参与动态测试，验证设计在使用过程中的表现是否满足安全认证标准的要求。

③ 多轮安全评审与验证　设计师需要确保外观设计在进入生产阶段前经过多轮严格的安全评审。

a. 初期设计评审。在设计草图和初步模型阶段，针对认证标准的要求进行初步审查，评估潜在的安全隐患。

b. 中期验证测试。利用物理样机或虚拟仿真，进行碰撞、振动、散热等测试，验证设计是否符合标准。

c. 最终评审与优化。对设计进行最后的全面安全性检查，确保所有细节符合目标市场的认证要求后，才提交生产。

（2）设计助力认证的具体实践

① 外观设计的安全细节

a. 圆滑处理。边缘和角落采用圆滑设计，避免形成锋利的边缘或尖锐角，降低对用户的潜在伤害风险。

b. 隐藏式防护。将危险部件通过外观设计隐藏起来，例如使用高强度透明防护罩覆盖设备内部的旋转部件。

c. 颜色区分。通过对操作区域和危险区域使用不同的颜色标识，帮助用户快速分辨安全操作区域。

② 材料与工艺的安全性

a. 阻燃材料。对于需要通过 UL 认证的设备，外壳需采用防火性能优异的材料，例如阻燃塑料或金属。

b. 防静电设计。设备外观需考虑静电防护，特别是电子制造设备或高精度仪器。

c. 防水防尘。根据 IP 防护等级要求，设计需确保设备的外壳能够有效防止水分和灰尘进入内部，避免对电气和机械系统造成损害。

③ 通风与散热优化　认证要求设备在运行过程中保持安全的温度范围，设计师需特别关注散热设计。

a. 通风口布局。通风口的位置与大小需经过精确计算确定，避免通风不畅导致设备过热。

b. 隐形散热设计。通过巧妙的外观设计，将散热格栅与设备整体风格相融合，既不影响美观，又能满足散热要求。

（3）案例分析：纸盒成型机的安全认证与外观优化实践

① 背景　某包装设备生产企业计划对一款传统纸盒成型机进行升级，以满足现代化生产需求，同时符合 CE、UL、ISO 等国际安全认证标准。原设备源自 20

世纪 90 年代的意大利技术，虽然性能稳定，但在结构设计、安全防护、操作体验等方面已无法满足当前的市场需求，如图 4-42 所示。

该设备的优化目标：

• 提升安全性：优化防护罩设计，减少裸露部件，降低操作风险。

• 优化结构稳定性：增强设备整体性，减少模块化拼接，提高运行稳定性。

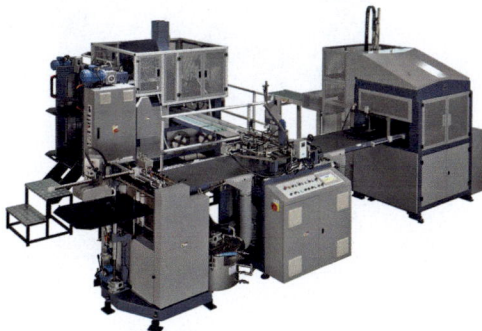

图 4-42 纸盒成型机实物

• 改善交互体验：提升操作面板的可视性和便利性，减少误操作风险。

• 增强品牌形象：打造更具科技感和系列化风格的高端设备，提升市场竞争力。

② 设计挑战。

a. 防护结构优化（安全性）。

• 原设备机械结构裸露较多，有安全隐患，需优化封闭式防护罩，并符合国际安全认证标准。

• 防护罩需具备快拆功能，以方便维护，同时增强可视性，确保设备运行状态清晰可见。

b. 结构与耐久性优化（稳定性）。

• 原设备采用模块式拼装，整体感较弱，影响设备的刚性与稳定性，优化时需增强一体化设计。

• 设备需在长时间高速状态下稳定工作，必须提升结构强度，优化支撑框架，确保设备经久耐用。

c. 交互优化（操作便捷性）。

• 原操作面板位置偏低，操作人员需要低头查看，导致长期操作疲劳，需优化面板角度和布局。

• 调整紧急停止按钮位置，确保操作人员在不同操作角度都能快速触及，符合 ISO 9241 人机工程学标准。

③ 解决方案

a. 防护罩优化（安全性提升）。

• 升级为封闭式护罩：采用透明聚碳酸酯（PC）面板，增强可视性，同时减少机械暴露区域，提高安全性，如图 4-43 所示。

图 4-43　纸盒成型机可视化防护罩设计方案

• 快拆式结构设计：优化门板铰链与固定锁扣，使维护更高效，减少设备停机时间。

• 安全联锁机制：确保在防护罩打开时，设备自动暂停运行，提升安全性，符合 CE 安全指令。

b. 结构优化（稳定性与耐久性提升）。

• 一体化外壳设计：优化原有模块化拼接方式，增强整体性，提高设备刚性，使运行更稳定，如图 4-44 所示。

图 4-44　采用一体化设计的全自动纸盒成型机

• 优化机架结构：采用加强筋与框架式支撑，减少振动，确保设备在高负荷运转下仍能保持稳定。

• 高强度金属材料应用：关键受力部件采用冷轧钢＋防腐涂层，以保证设备的耐用性，并降低长期维护成本。

c.交互体验优化（操作便捷性提升）。

• 操作面板高度优化设计：在保持原有倾斜度的基础上，将操作面板整体上移8cm，使其距离地面更符合人机工程学标准，提高操作便捷性，减少不必要的弯腰和低头动作。

• 智能状态指示灯＋触摸屏：采用实时可视化界面，结合LED状态灯（蓝色待机、绿色运行、红色故障），让操作人员能快速判断设备状态，符合ISO 9241标准。

• 急停按钮优化：将原先位于侧边较隐蔽位置的急停按钮重新布局，使其更加显眼且易于触及，无论操作人员站在哪个方向，都能迅速找到并操作，提高设备的安全性和应急响应速度，如图4-45所示。

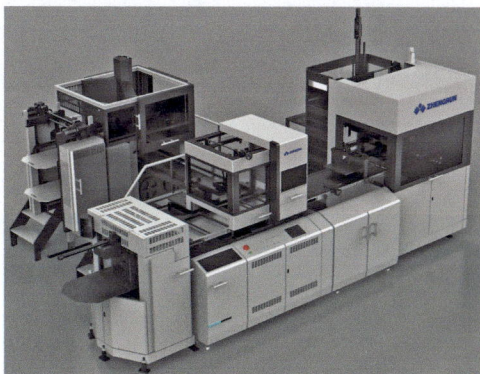

图4-45　全自动纸盒成型机设计效果

④ 从设计到制造的精准落地　在设备优化过程中，设计不仅是停留在外观构思阶段，更需要确保方案在制造环节高度还原。设计团队全程参与钣金加工、外壳制造、装配测试等关键环节，针对材料选择、工艺优化、部件拼接进行细节调整。例如，为确保防护罩与设备整体结构的匹配度，团队在加工阶段反复调整折弯半径、公差与装配工艺，确保外壳精准贴合机架，提高设备的一体化视觉效果，如图4-46、图4-47所示。

图4-46　全自动纸盒成型机落地对接

最终，优化后的设备对设计效果图的还原度高达95%以上，这一高度呈现的成果在行业内较为少见，不仅验证了设计方案的可制造性（DFM），也体现了工业设计与生产制造的紧密结合。这一精确落地过程，确保了设备在优化后仍能保持高效生产，并符合CE、UL等安全认证标准。

⑤结果与市场反馈

a. 设备安全性提升25%。优化防护罩设计后，设备通过了CE、UL安全认证，减少了安全隐患。

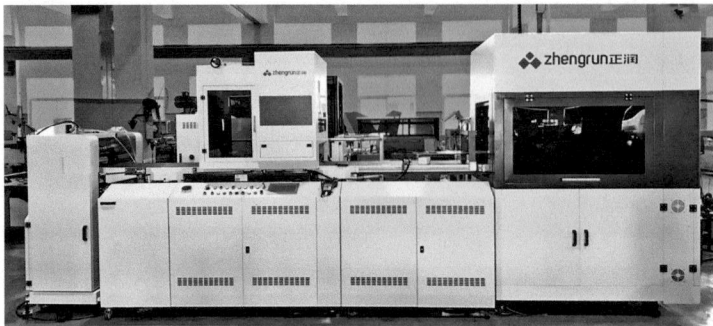

图4-47 全自动纸盒成型机实物

b. 误操作率减少20%。优化交互界面与紧急按钮布局后，用户操作更直观，减少了误触风险。

c. 维护时间减少20%。采用快拆式结构，维护人员可快速打开设备，减少设备停机时间。

d. 提升品牌形象。优化后的设备具有科技感、系列化、现代化的工业设计，更符合高端市场定位，增强了品牌竞争力。

⑥ 结论：安全认证与外观设计的融合 纸盒成型机的优化充分体现了务实与创新的平衡，在满足安全性、结构稳定性和交互体验的基础上，实现了其国际市场竞争力的提升。这一改进过程不仅对设备的物理特性进行了强化，还结合设计思维，通过系统优化，使设备更具商业价值和用户友好性。

• 在安全性上，优化防护结构，使其符合国际标准，不仅降低了安全风险，还提升了产品在海外市场的合规性，增强了产品的可信度。

• 在结构优化方面，加强设备强度与耐久性，确保长期运行的稳定性，这是机械设备"务实"属性的核心体现。

• 在交互体验上，通过优化操作界面和人机工程学细节，使用户使用更直观、更便捷，符合现代工业设备的人性化发展趋势。

• 在外观升级方面，不仅提升了品牌形象，还使设备符合现代工业美学，这种创新设计进一步增强了产品的市场吸引力。

这种优化不仅解决了设备运行中的核心问题，也让产品在全球市场竞争中占据优势。这是务实优化与创新突破的典型案例，证明机械产品设计不仅是技术的进步，更是对市场、用户和品牌价值的深度思考。

4.5　本章小结

安全性不仅是机械产品设计中的一项技术要求，更是影响品牌信誉、用户信任和市场竞争力的关键因素。本章围绕机械产品设计中的安全性策略进行了系统探讨，深入分析了如何在确保安全的同时，实现功能、美学与市场价值的平衡。

我们探讨了安全性设计的关键策略，包括从研发初期纳入安全考量，通过合理的结构设计、符合人机工程学的布局及风险预判，降低潜在安全隐患，确保工程要求与用户体验的优化。同时，围绕细节优化，我们分析了材料选择、边缘处理、防护结构优化及可视化警示等手段，使安全性与美学设计相结合，确保产品既符合严格的安全标准，又具备专业品质感。在安全性验证方面，本章介绍了样机测试、用户体验评估及国际认证等方式，以科学的验证流程提升产品可靠性，增强品牌信任度。此外，我们还探讨了安全认证标准与改进策略，帮助企业优化产品设计，使其符合国际市场准入要求，确保安全性与创新设计的有机结合。

本章不仅是对安全性策略的系统梳理，同时也结合了设计思维在安全挑战中的应用。安全性不应只是机械产品设计中的被动约束，而应作为产品竞争力的重要组成部分，与功能性、品牌价值以及用户体验深度融合。希望本章的讨论能够为读者提供新的视角，帮助他们在机械产品设计中，以"务实与创新"的方式提升产品的安全标准，使产品在全球市场竞争中脱颖而出。

第 5 章
设计中的共性与差异化

引言

在机械产品设计中，共性与差异化构成了产品创新与市场竞争的双重维度。共性，是行业标准、工程规范和用户习惯的沉淀，它确保了产品的功能稳定性、制造效率和市场认可度；而差异化，则是品牌价值、产品竞争力和用户体验的关键，它赋予产品独特性，使其在同质化竞争中脱颖而出。如何在两者之间找到理想的平衡，是机械产品设计中不可回避的挑战，也是决定产品市场表现的关键因素。

机械产品的设计不仅是技术的演绎，更是市场策略的表达。从标准化零部件的高效复用到品牌专属设计语言的塑造，从用户需求的深度挖掘到市场反馈的快速迭代，共性与差异化并非对立，而是相互交融、相互促进的动态关系。本章将探讨行业共性如何塑造产品的基本特征，并分析如何在满足共性需求的同时，挖掘差异化设计的突破口，使产品既能保持市场适应性，又能在品牌竞争中占据优势。

在这一过程中，设计师的角色尤为关键。如何在市场需求、工程实现和成本控制之间找到创新的空间？如何在确保产品安全性、可制造性的同时，创造更具吸引力的外观与体验？如何借助设计策略，使产品在满足通用需求的同时，仍具备鲜明的品牌印记？本章将结合实际案例，解析如何运用设计思维，在确保产品安全性、制造可行性的同时，创造更具市场竞争力的设计。

作为本书的最后一章，我们将站在全局视角，回顾机械产品设计的核心要素，并总结在不同设计环节中如何巧妙融合共性与差异化，为机械产品塑造更强的市场竞争力与品牌价值。希望通过本章的内容，帮助读者在设计实践中找到兼顾稳定性与创新性的突破口，让机械产品设计真正实现技术与美学、务实与创新的完美结合。

5.1 机械产品设计中的共性特征

在机械产品设计中，共性特征构筑了产品的基本框架，决定了功能稳定性、制造可行性和市场适应性。设计师需在遵循行业标准的同时，运用标准化与模块化策略提升生产效率，并通过优化空间的挖掘增强产品的灵活性与拓展性。同时，在共性与市场适应性之间寻找平衡，结合品牌识别、用户体验进行优化和局部创新，使产品在满足行业规范的基础上，兼具功能性、品牌价值与商业竞争力。通过合理运用设计思维，结合行业标准、制造工艺与市场趋势，设计师可以在共性约束下挖掘差异化设计的突破口，使产品在确保务实可行的同时，展现更强的市场竞争力和创新价值。

5.1.1
行业共性塑造产品特征

行业共性通常源自安全法规、制造工艺、用户习惯和市场需求，它们共同决定了产品的基本框架，使得设备具备可复制性、兼容性和通用性，这对于大批量制造、产品升级和市场推广来说至关重要。

常见的共性设计约束主要包括以下几个方面。

• 制造工艺与标准化：钣金、铝型材、注塑等工艺影响产品外观设计，并决定加工精度与制造成本。

• 安全标准与法规：如 CE 认证、GMP 要求等，影响防护罩、急停按钮等关键部件的设计。

• 人机交互通用性：操作界面、维护通道、可视窗口的布局需要符合用户习惯，确保高效、安全、直观的操作体验。

（1）安全标准与法规约束

安全标准是影响机械产品设计的核心因素，不同地区和行业可能有不同的安全标准和法规。

① 欧洲市场的 CE 认证：要求设备具备安全防护罩、紧急停止按钮、低噪声设计等。

② 制药行业的 GMP 要求：规定设备必须易于清洁、耐腐蚀，并确保无死角设

计，避免污染。

③食品加工机械的 FDA 标准：需要使用食品级材料，表面光滑无缝隙，以防止细菌滋生。

> **小贴士：** GMP 要求与 FDA 标准
>
> ① GMP 要求（Good Manufacturing Practice，良好生产规范）主要适用于制药、食品、医疗器械等行业，其核心目标是确保产品的安全性、稳定性和质量一致性。
>
> GMP 要求如下。
>
> a. 生产环境卫生。设备和工厂必须易于清洁，防止污染。
>
> b. 材料与工艺控制。使用符合标准的材料，避免交叉污染。
>
> c. 设备设计。表面光滑无死角，易于清洁和消毒。
>
> d. 操作规范。生产过程需要记录，确保可追溯性。
>
> ② FDA 标准（美国食品药品监督管理局标准）FDA 标准由美国食品药品监督管理局（FDA）制定，适用于食品、药品、医疗器械和化妆品，其核心目标是确保产品符合美国市场的安全性和合规性要求。FDA 标准通常涉及以下事项。
>
> a. 食品级材料。设备接触食品的部分必须使用安全、无毒的材料。
>
> b. 产品安全认证。药品和医疗器械必须经过严格的临床和安全测试。
>
> c. 标签和标识。产品信息必须清晰，符合 FDA 标准的透明度要求。

（2）制造工艺的标准化

制造工艺的标准化决定了设备的生产效率、加工精度和装配便捷性。常见的制造工艺如下。

①钣金折弯与焊接工艺，确保机身结构稳固，同时降低生产成本。

②铝型材框架，提供轻量化和模块化的结构设计。

③注塑或复合材料外壳，提高美观度，同时增强耐候性和耐腐蚀性。

策略：如何提高机械设备的标准化程度？

①采用通用的零部件（如标准紧固件、铝型材框架）。

②设定可兼容的接口和电气标准，确保不同设备之间的互换性。

③在设计阶段提前考虑模具共用性，降低生产成本。

（3）人机工程学与用户体验的一致性

为了确保用户的操作体验不因设备品牌或型号的变化而受到影响，行业通常采用统一的交互标准。

① 设备控制面板的高度与角度　确保操作人员可轻松触及按键，避免长时间操作带来的疲劳。

② 显示屏与功能区的布局　让关键参数和操作信息清晰可见，提高工作效率。

③ 检修与维护通道　确保维修人员能够快速拆装关键部件，减少停机时间。

（4）案例分析：食品包装设备的安全与优化设计

在某款给袋式食品包装机的升级设计中，设计团队围绕 GMP 要求，对设备的安全性、清洁便捷性和视觉感观进行了系统改进，确保设备满足生产卫生标准，如图 5-1 所示。

图 5-1　给袋式食品包装机原设备

① 生产环境卫生优化

a. 不锈钢外壳。采用食品级不锈钢，表面光滑无凹槽，减少粉尘和食品残渣的积累，确保清洁更高效，符合 GMP 的卫生要求。

b. 封闭式结构设计。减少机械暴露部件，降低食品加工过程中外部污染的可能性，提高整体清洁度，如图 5-2 所示。

② 材料与工艺控制

a. 食品级材料应用。所有与食品接触的零部件均采用符合食品安全标准的材料，防止交叉污染。

图 5-2　给袋式食品包装机设计案例

b. 表面处理优化。不锈钢表面经过抛光，减少了微小孔隙，减少了食品残留，便于清洁和消毒，符合 GMP 要求和 FDA 标准对食品加工设备的材质要求。此外，黑色部分为不锈钢喷塑工艺。

③ 制造工艺的标准化

制造工艺的标准化决定了设备的生产效率、加工精度和装配便捷性。在升级过程中采用了以下策略。

a. 钣金折弯与焊接工艺。机身采用精密钣金折弯和激光切割焊接，减少了焊接点，提高了装配精度，确保机身结构稳固。

b. 轻量化与模块化结合。支撑结构采用高强度铝型材，实现了轻量化，提高了模块化设计的灵活性，使不同规格的设备可共用同一框架。

c. 标准化零部件。关键连接件、紧固件和外壳组件均采用标准化设计，提高了互换性，降低了制造成本，同时降低了维修难度。

④ 设备结构优化：易清洁、无死角

a. 一体化无缝设计。减少螺钉外露和拼接缝隙，避免食品残渣积存，同时提升整体美观度。

b. 透明安全防护罩升级。采用大面积可拆卸防护罩，以便于清洁和维护，同时防止异物进入工作区。

⑤ 人机工程学与用户体验的一致性

为了确保不同型号或品牌的设备在操作体验上保持一致，优化了人机工程学设计。

a. 设备控制面板的高度与角度优化。调整操作面板高度，使操作者在站立状态可自然查看和操作触控界面，避免长时间使用带来的疲劳。

b. 检修与维护通道优化。采用免工具快拆结构，使设备维护更加高效，同时在关键润滑点设有专用检修窗口，减少拆卸步骤，提高维护便捷性，如图 5-3 所示。

图 5-3　给袋式食品包装机操作面板与快速检修

通过对安全性、清洁便捷性、制造标准化及人机工程学的全面优化，这款给袋式食品包装机在生产安全、卫生控制、制造效率和操作体验等方面均实现了显著提升。它不仅满足了食品加工行业的严格标准，还显著增强了市场竞争力和用户认可度。这一优化过程充分展现了设计思维在机械产品中的实际应用——通过深入挖掘行业痛点，精细打磨产品细节，使设计不仅停留在视觉层面，更切实服务于高效、安全、可持续的食品加工体系。这正是设计的务实精神的最佳体现，如图 5-4 所示。

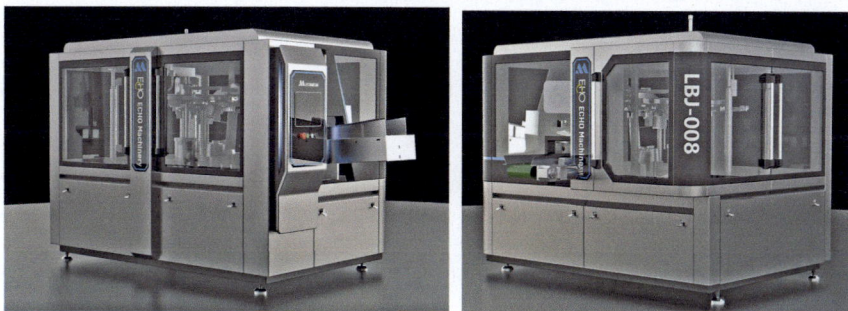

图 5-4　优化后的给袋式食品包装机设计效果

5.1.2
标准化与模块化的设计策略

（1）外观标准化：统一视觉语言

标准化的外观设计不仅能提升品牌的识别度，还能增强产品在市场中的竞争力。通过在设备外壳、颜色搭配、标志符号等方面的一致性，设计师可以确保同一品牌的不同产品在视觉上形成连贯的品牌形象。例如，采用统一的流线型外壳、模块化的操作面板设计和一致的品牌色彩，使产品在多元化的市场中依然具有鲜明的品牌特征。

此外，标准化设计还能有效降低开发成本，提高生产效率。统一的设计语言意味着模具开发成本降低，零部件通用性增强，从而缩短产品上市周期。

优化策略与建议：

① 视觉一致性　确保产品线的外观设计保持相同的设计元素，如品牌色彩、标志布局、面板风格等，以增强品牌记忆度。

② 模块化结构结合标准化外观　即便产品功能不同，也可以通过模块化的外观布局（如可替换面板、标准尺寸屏幕等）维持统一感。

③ 减少定制成本　避免完全独立开发不同系列产品，而是在标准框架下进行

适度调整，以降低生产成本并提升零部件的通用率。

（2）模块化设计：灵活性与扩展性

模块化设计是一种将产品拆分为多个独立功能单元的设计方法，这种设计方法不仅能够提升生产和装配的效率，还能让产品在不同应用场景中具备更强的适应性。例如，在机械设备外观设计中，模块化的面板、接口或功能单元可以根据用户需求进行快速调整或扩展，同时避免因个性化定制而带来的高昂成本。

优化策略与建议：

① 通用接口设计　在模块化设计中，标准化的接口设计至关重要，其可确保不同功能模块能够无缝对接，避免后续升级和扩展的兼容性问题。

② 可扩展性规划　在初始设计阶段就考虑未来的功能扩展，例如预留额外的控制接口、可替换的模块插槽等，以便后续升级。

③ 降低维护成本　模块化不仅有助于生产，也能显著提高设备的可维护性。例如，通过设计可拆卸的面板或易更换的功能模块，使维修人员能够更快捷地更换零部件，减少停机时间。

（3）人机工程学与维护性

标准化和模块化设计不仅关注外观的一致性，还必须兼顾人机工程学和设备的维护便捷性。一个合理的人机工程学设计，能够确保设备的操作过程更舒适、更高效，同时减少误操作的风险。而合理的维护设计，则能降低运维成本，提高设备的长期稳定性。

例如，操作界面的位置和布局需要符合人机工程学，确保用户能够轻松操作；维护口、接入接口的设计则需要考虑便捷性，以降低操作复杂度和减少维护时间。

优化策略与建议：

① 符合人机工程学的界面设计　操作面板应位于用户易于触及的位置，按钮和显示屏应具有良好的识别度，并与不同身高、不同工作站位的操作人员适配。

② 维护便捷性提升　维护口应设计为易开启结构，如磁吸面板、快拆式外壳等，同时确保更换零部件时不需要复杂工具或额外拆卸其他部件。

③ 卫生与清洁优化　对于食品机械等对卫生要求较高的设备，设计时应避免复杂凹槽和难以清洁的角落，确保所有关键部位易于擦拭或冲洗。

小贴士：

- 标准化≠单一化，适度增加个性化选项可以提高市场竞争力。
- 模块化的成本需控制在合理范围，避免过度设计导致价格上涨。

5.1.3
多家企业项目合作中的"通用外观元素"

在机械产品设计中，不同企业之间的合作开发已成为行业趋势之一。然而，合作开发的项目往往面临如何平衡品牌间特色与市场需求的双重挑战。我们在多个合作项目中总结出了一些"通用外观元素"，这些元素并非源于某一企业的品牌特色，而是基于行业共性需求和用户期望的设计解决方案。

（1）通用外观元素的具体表现

① 外观流畅化设计　在机械设备的外观设计中，流畅化设计（而非传统意义上的流线型）更符合机械产品的功能需求和制造可行性。流畅化设计强调整体形态的协调性和视觉上的连贯性，而不过度追求夸张的曲线。其主要优点如下。

a. 减少设备表面的棱角和突兀结构，以减少刮擦和积尘，从而提升清洁便捷性，特别适用于对卫生要求较高的食品、制药和医疗设备。

b. 优化视觉流畅性。通过平滑过渡的结构设计，使设备整体造型更加现代且易于与企业品牌调性匹配。

c. 提升人机工程学体验。合理优化操作面板、扶手、维修口等区域的边角，避免尖锐棱角对操作人员造成安全隐患。

d. 增强制造可行性。相比流线型设计，合理的平滑过渡与简洁造型更适应钣金折弯、注塑成型等制造工艺，降低生产难度和成本。

② 简洁的操作界面　机械设备的操作界面设计普遍以用户友好和简洁明了为目标。例如，按钮和显示屏的布局通常基于人机工程学，既便于操作，又能提升效率。统一的操作界面设计在以下方面表现出优势。

a. 快速适应性。操作人员无需经过复杂培训便可熟练操作不同品牌或型号的设备。

b. 减少误操作。按钮的功能的直观标识和其清晰的布局逻辑，减少了因复杂操作而产生的错误。

c. 维护便利。通用界面设计便于故障排查和维修，提升了设备的可靠性。

③ 模块化结构　模块化设计逐渐成为机械产品设计的主流趋势。模块化结构可以通过独立的部件实现灵活配置，不仅能够适应不同的用户需求，还为设备的生产、维护和升级提供了便利。

a. 统一的标准化接口便于模块替换和功能扩展。

b. 不同模块的灵活组合既能满足个性化需求，又保持产品的通用性和外观一致性。

④ 行业通用色彩与材质　颜色和材质的选择也是"通用外观元素"不可忽视的一部分。

a. 冷色调（如银灰、深蓝）被广泛应用于工业设备，象征着专业与科技感。

b. 金属材质外壳不仅能够提高设备的强度，还能通过表面处理提升视觉质感。

c. 透明或半透明材质（如亚克力、PC 等）被广泛用于观察窗口，既便于操作人员查看设备运行状态，又增强了设备的现代感。

（2）成功实践：合作开发的统一设计语言

在某跨国合作项目中，多家企业共同开发了四款系列化工业设备，分别为无纺布立体制袋机、五合一纸袋机、成型封层机和复合模切机。这些设备面向全球市场，既要满足不同地域用户的使用习惯，又必须在视觉和结构设计上实现家族化一致性。设计团队综合了各方需求，最终制定了以下统一设计策略。

① 设备主体家族化曲面造型：塑造品牌特征与现代感　四款设备在主体结构上采用家族式的曲面造型，通过平滑的曲面过渡和协调的体块比例，使设备整体呈现出统一的视觉风格。这一设计策略避免了传统工业设备棱角分明、过于刚硬的形态，使设备既具备工业力量感，又不失现代感和科技感，同时提升了市场接受度。

曲面造型不仅优化了设备的外观，同时也增强了安全性和清洁便捷性。相比传统直板结构，流畅的曲面减少了积尘死角，有助于维护和清理，特别适用于对清洁度要求较高的行业。

② 统一的视觉识别系统：色彩、照明与观察窗　设备采用白色主体，灰色辅色，并点缀绿色腰线和绿色灯带，确保整套产品具备一致的品牌视觉基因。此外，透明黑色亚克力观察窗不仅强化了科技感，同时使操作人员能够对设备内部状态进行直观监测，提升了用户体验。

绿色灯带的加入不仅增加了视觉识别度，同时在一定程度上增强了设备的未来感，使其在展会展示和终端使用场景中更具品牌辨识度。这种色彩搭配不仅让设备显得现代化，同时也确保了全球市场的接受度。

③ 结构与部件的标准化：提升适配性与维护便捷性　考虑到不同设备的功能差异，设计团队在设备框架、模组接口、维护口等方面进行了标准化处理。这不仅提升了生产制造的一致性，同时也在以下几个方面提供了优势。

a. 机架与支撑结构的标准化。所有设备采用相似的机架结构与支撑单元，确保生产制造过程中可以采用相同的加工工艺和装配流程，降低制造成本。

b. 维护口与检修面板的统一设计。设备侧面和前部的维护口采用了模块化尺寸与标准化的开启方式，减少了维护难度，提高了后期的维修效率。

c. 可扩展的接口系统。设备在功能拓展接口上采用了模块化布局，使其能够轻松适配不同的自动化生产需求，如加装机械手、物流输送单元等。

④ 操作区域的人机优化：提升易用性 虽然四款设备在操作界面布局上存在一定差异，但在人机交互体验上仍然遵循了一定的标准化原则。

a. 操作高度的统一。设备的主要操作区域的高度在设计时充分考虑了人机工程学，使不同设备在使用时操作体验尽可能保持一致。

b. 透明观察窗尺寸与布局的统一。确保设备运行状态可视，提高安全性，并减少不必要的停机检查时间。

c. 紧急停机与安全防护措施的统一。所有设备均在关键位置配置了相同形式的安全急停按钮与防护措施，降低了误操作风险，提升了安全性。

⑤ 统一的品牌呈现方式：增强市场影响力 通过品牌标志嵌入方式、导视标识、字体风格的标准化应用，使整个产品系列在市场上形成统一的品牌印象。

a. 标志固定了区域与尺寸，确保不同设备的品牌识别度一致。

b. 侧面与顶部的绿色灯带与品牌标识，不仅增强了设备的视觉识别度，在全球市场推广时具有更强的品牌归属感，如图 5-5 ~ 图 5-8 所示。

图 5-5 无纺布立体制袋机设计案例

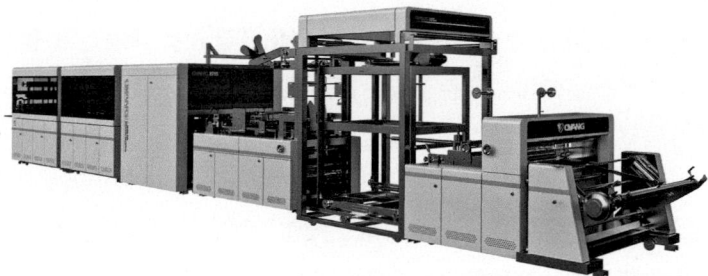

图 5-6 五合一纸袋机设计案例

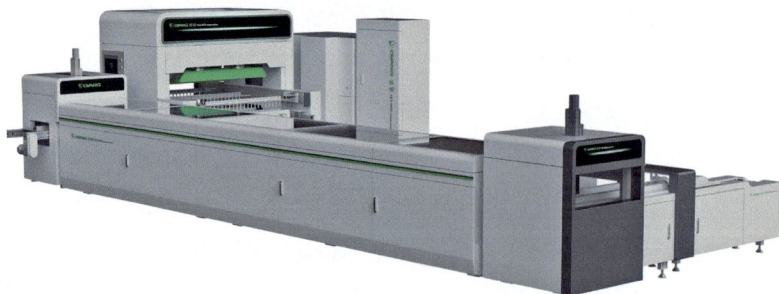

图 5-7　成型封层机设计案例

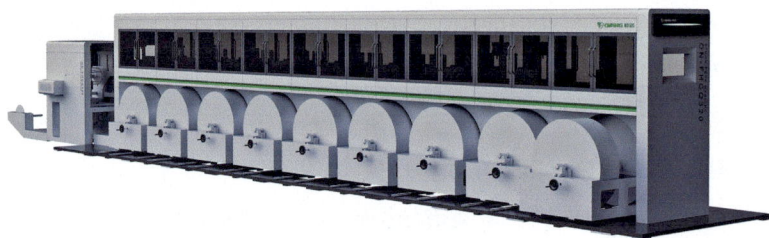

图 5-8　复合模切机设计案例

⑥ 设计启示：统一与差异的动态平衡　在机械产品设计中，如何在品牌个性与行业共性之间找到平衡，是提升市场竞争力的关键。本案例展示了通过家族化造型、标准化设计、视觉识别系统等策略，实现产品在制造、维护、品牌塑造等方面的高效协同。

a. 平衡行业共性与品牌个性。虽然不同企业的品牌定位存在差异，但设计师可以提炼行业共性，打造既符合市场需求，又能体现品牌独特性的外观方案。本案例在保证设备家族化设计的同时，通过局部标志嵌入、标志性色彩、关键部位细节等方式，实现了个性化表达。

b. 标准化与模块化的结合。标准化与模块化设计在提升制造效率、降低成本的同时，也增强了产品的可拓展性。设计师可借助模块化思维，使设备在不同功能需求之间灵活调整，兼顾市场通用性与定制化需求。

c. 统一设计中的差异化表达。在通用外观框架下，设计师仍需关注品牌特色。例如，利用差异化的标志性色彩、装饰条、操作界面布局等，让设备在满足行业标准的同时，依然能展现品牌独特性。

5.2　差异化设计的驱动力与实践

随着市场竞争的加剧，机械产品设计逐渐趋向差异化，尤其是在一些竞争激烈的行业中，差异化设计不仅是品牌识别的关键，更是满足特定市场需求的有效途径。差异化设计不仅可以提升产品的独特性和市场竞争力，还能增强用户对品牌的认同感。在这一过程中，设计师需要巧妙地平衡市场需求、品牌定位与产品功能，同时确保差异化设计能够在成本控制和生产效率上得到合理体现。这不仅要求设计师在务实与创新之间找到最佳平衡，也要求他们运用设计思维，以用户为中心，通过系统化的方法论，确保差异化设计真正服务于产品价值的落地。

5.2.1
市场细分、品牌定位与差异化策略

（1）市场细分：精准满足用户需求

市场细分是制定产品策略的起点，它决定了产品的设计方向、功能优先级和品牌定位。机械产品的市场可以按照多个维度进行细分，包括行业需求、企业规模、使用场景、用户习惯等。精准的市场细分能够帮助企业更高效地开发产品，并在目标市场中建立竞争优势。

市场细分的核心维度：

① 行业需求：针对不同应用场景定制优化　机械设备在不同行业中的应用需求各不相同，设备的设计、材质、制造标准等都需要根据行业特点进行优化。

a. 食品加工行业：卫生、安全与易清洁设计。食品加工设备的外观设计需符合GMP 或 FDA 认证要求，确保食品安全。外观结构应简洁流畅，减少棱角与凹槽，避免食品残渣堆积，便于清洁维护。选用不锈钢等耐腐蚀材料，优化密封结构，防止细菌滋生。通过平滑曲面与无缝连接提升整体卫生性，满足食品加工行业对洁净度的严格要求。

b. 印刷与包装行业：高精度、高效适配。印刷与包装设备需兼顾高速与精度，满足大规模生产需求。外观设计应优化材料与结构的适配，确保兼容不同规格的印刷材料，同时提供调整选项，减少因更换耗材导致的停机时间，提高生产效率。

c. 制药行业：严格标准化与模块化设计。制药设备需符合 GMP、FDA、CE 等国际标准，确保生产安全。外观设计应选用医用级不锈钢，提升耐腐蚀性与抗污染性，同时优化无菌舱、密封输送等结构，减少污染风险。模块化设计可以提升维护便捷性，使部件更换与功能升级更高效，满足不同药品生产线的需求。

表 5-1 是行业需求的设计策略对比。

表 5-1 行业需求的设计策略对比

设计维度	食品加工行业	印刷与包装行业	制药行业
核心需求	符合卫生标准，便于清洁维护	兼容不同规格的材料，提高生产效率	符合医药标准，防止污染，易维护
材料选择	食品级不锈钢、抗菌材料，耐腐蚀	高强度钣金件或铝合金，保证设备稳定性	医用级不锈钢，耐化学腐蚀，低颗粒释放
外观设计	平滑过渡、减少棱角，避免食品残渣堆积	结构紧凑，减少外部干扰，优化材料适配	封闭式结构、无菌舱设计，减少污染
维护便捷性	快拆结构，易清洁	可更换部件，易调整	模块化设计，便于维护和功能扩展
安全与认证	GMP、FDA 认证	设备兼容性与安全标准	GMP、FDA、CE 认证，符合医药行业法规

② 企业规模：稳定性与灵活性的平衡　不同规模的企业在采购机械设备时，关注点各不相同。在外观设计上，需要针对不同企业需求进行优化，以确保设备在各类工厂环境中都能发挥最佳性能。

a. 大企业客户。高稳定性与智能化集成，更关注设备的稳定性、自动化程度、可扩展性，以及全球化标准认证。

b. 中小企业客户。高性价比与灵活适配，更关注性价比、维护成本、空间占用，可能需要更灵活的模块化设计。

表 5-2 是大企业和中小企业的设计策略对比，这种设计策略的区分，使机械设备能够精准匹配不同规模的企业的需求。

表 5-2 大企业和中小企业的设计策略对比

需求维度	大企业	中小企业
设备稳定性	关注长时间连续运行，需优化散热、减振	关注核心功能稳定，简化非必要设计
自动化程度	预留传感器、智能监控接口，实现数据互联	保留手动/自动切换，兼顾成本与操作灵活性

需求维度	大企业	中小企业
可扩展性	高度模块化，支持未来业务拓展	分阶段升级，根据发展需求逐步增加功能
全球化标准	符合 CE、UL、ISO 等标准	主要符合本地市场标准，降低认证成本
维护便利性	需要远程诊断、自动报警系统	采用易拆卸面板、快换零部件，减少维护成本
空间优化	标准化尺寸，便于流水线集成	紧凑设计，适用于小型厂房

③ 使用场景：适配不同生产模式，优化设备设计　机械设备的使用场景可以分为流水线设备和独立式设备，不同的应用模式决定了设备的设计重点。合理的外观设计不仅能提高设备的适应性，还能优化生产流程，提升整体效率。

a. 流水线设备。高兼容性与自动化集成，需要与其他设备无缝对接，强调兼容性和自动化。

b. 独立式设备。灵活适配与高便捷性，强调便捷性，满足中小型企业或个性化生产需求。

表 5-3 是流水线设备和独立式设备的设计策略对比，这种细分策略能够帮助设计团队针对不同生产环境制定更合理的设备外观方案，确保设备在兼容性、易用性、扩展性等方面符合用户需求。

表 5-3　流水线设备和独立式设备的设计策略对比

设计维度	流水线设备	独立式设备
适用场景	大规模生产，需与生产线集成	中小企业、小批量生产、个性化需求
外观设计	标准化尺寸、兼容性强，确保可对接其他设备	紧凑设计、易摆放，适用于小型生产空间
自动化程度	高自动化、远程监控、数据集成	手动＋自动结合，更注重易操作性
模块化拓展	支持多种传感器、自动送料、数据采集模块	可选配不同功能模块，灵活升级
操作便捷性	适配工业级生产环境，优化维护	界面直观，适合非专业人员操作
移动与调整	固定安装，强调稳定性	轻量化设计，便于移动和调整

④ 用户习惯：不同市场需求的适配策略　在机械产品设计中，用户习惯因地域、行业规范、使用文化的不同而存在显著差异。针对不同市场的需求，机械设备

的外观设计需要做出相应优化，以提升产品的市场竞争力和用户认可度。

a. 国内市场。随着制造业升级和安全标准的提升，国内企业对机械设备的需求已经从性价比优先向高规格、高安全、智能化发展，特别是食品加工、制药、电子制造等行业，对设备的自动化程度、安全性能、合规认证提出了更高要求。

b. 欧美市场。欧美市场对安全合规、环保材料、品牌形象的关注度依然较高，特别是在出口设备领域，设计需确保产品符合严格的法规要求。

表5-4是国内和欧美市场的设计策略对比，通过针对不同市场的需求定制设备外观设计，企业可以更精准地满足目标用户，提高市场占有率，并增强品牌在全球市场的竞争力。

表 5-4　国内和欧美市场的设计策略对比

设计维度	国内市场	欧美市场
核心需求	高规格、高安全、智能化升级	合规、环保、高端品牌形象
自动化程度	智能化＋远程监控＋MES 集成	符合工业 4.0 标准，数据互联
安全标准	符合 GB、GMP、ISO 等标准	符合 CE、UL、FDA 等标准
环保要求	逐步提升，对部分行业提出更高要求	严格符合碳排放与环保标准
维护便捷性	快拆结构、模块化维护，减少停机时间	高精度组件，维护周期长，强调长期稳定性
品牌溢价	国产高端品牌逐步崛起	品牌认知度高，视觉形象至关重要

（2）品牌定位与视觉识别：建立独特的品牌形象

品牌定位决定了产品的核心竞争力，而视觉识别是品牌定位的直观呈现。成功的品牌识别不仅是一个标志，而且是通过产品外观、色彩搭配、造型语言、细节工艺等多方面，形成独特的品牌印象，让用户能从众多竞品中一眼识别。

品牌定位的关键策略：

① 品牌风格与设计语言：视觉传达品牌理念　品牌风格是品牌定位的直接体现，不同领域的机械产品需要通过造型、色彩、材质和细节，展现品牌特性，使其符合行业特点和用户需求。

a. 科技感（如智能制造设备、医疗设备）。

• 视觉特征：流畅线条、简约工业感，强调未来感和精密度。

• 材质选择：金属质感、玻璃面板、抗菌涂层，提高品质感、卫生性。

• 色彩搭配：偏向冷色调（银色、蓝色、黑色），突出专业性与高端科技感。

案例：某智能数码印刷设备采用深灰与银色金属机身，搭配流畅线条与 LED

灯带，营造科技感与工业美学。嵌入式操作界面配合蓝色背光，使交互直观高效。机身网格渐变装饰与光感细节增强动感，整体设计既展现智能化特质，又提升品牌辨识度与高端视觉冲击力，如图 5-9 所示。

b.高端感（如高精度印刷包装机、工业自动化设备）。

• 视觉特征：极简风格、硬朗几何线条，突出专业感和高端品质。

• 材质选择：高级喷涂工艺、拉丝不锈钢，增强产品质感。

• 色彩搭配：深色系搭配亮色点缀，如深灰＋银、工业蓝＋金属银，强调稳重与科技感。

案例：某印刷机品牌采用银灰色和蓝色点缀搭配，并融入硬朗几何线条，使产品更具高端科技感，同时在市场中形成品牌统一性，如图 5-10 所示。

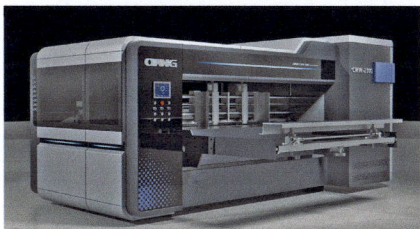

图 5-9　智能数码印刷设备

图 5-10　四色快递袋 / 服装袋印刷机设计案例

c.亲和感（如食品加工设备、轻工业机械）。

• 视觉特征：柔和线条、圆润边角，营造友好感和易操作性。

• 材质选择：食品级不锈钢、耐腐蚀涂层、抗菌塑料，确保安全性和清洁度。

• 色彩搭配：浅色系（白色、米色、浅灰），适当加入温暖色调（如橙色、浅蓝）提升亲和力。

案例：某食品包装机品牌采用食品级不锈钢，搭配蓝色渐变装饰，营造清爽、安全的视觉体验。大面积透明防护罩提升可视性，使操作更直观，同时减少生硬感，增强亲和力。机身圆角设计避免锋利棱角，提高安全性和舒适度。操作面板蓝色背光柔和清晰，提供温和的交互体验。整体设计贴近用户，让设备更易用、更具亲和力，如图 5-11 所示。

② 品牌识别的关键要素：强化视

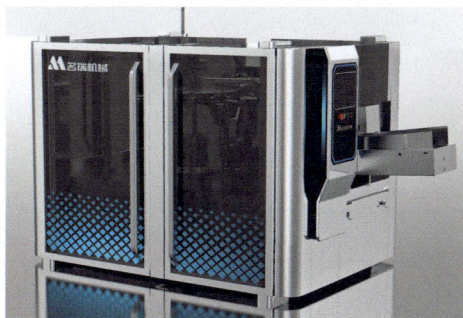

图 5-11　全自动食品包装机设计案例

觉记忆点　品牌识别不仅是应用企业标志，通过色彩、造型语言、标志细节等要素的统一应用，能够让产品在市场中迅速建立认知度，并提高品牌价值。

a. 品牌色彩：建立统一的品牌调性。品牌色彩是最直观的品牌识别手段，通过固定的色彩组合，使产品系列化，增强品牌印象。在机械设备设计中，品牌色彩的运用通常遵循以下原则。

• 主体颜色：多采用白色、灰色或者金属银色，塑造现代感、高端感，同时符合工业设备的耐用性和通用性。

• 品牌色点缀：在标志、面板、装饰条、灯带等位置运用企业专属色，如工业蓝、科技绿、炫光橙等，以强化品牌形象。

• 灯光元素：通过 LED 灯带、指示灯光、氛围灯等设计，使设备更具科技感，同时提升操作体验和品牌辨识度。

b. 造型语言：建立产品家族化特征。

• 统一的外观线条、边缘处理、转角风格，让品牌旗下所有产品具有家族化特征。

• 圆润、流畅、折角等几何形态的选择应与品牌风格一致，并贯穿所有产品系列。

c. 标志与细节：强化品牌印象。

• 标志布局：固定标志放置区域，例如机身左上角、面板中央等，增强用户视觉记忆。

• 独特细节：如特定的灯光效果（蓝色氛围灯）、旋钮设计（纹理感增强手感），形成品牌专属设计元素。

5.2.2
差异化设计的实际应用与品牌提升

（1）品牌提升与市场影响

差异化设计不仅是产品外观的独特表达，更是品牌价值塑造的重要策略。通过精准的视觉语言、卓越的用户体验和深层次的情感连接，企业能够打造更具辨识度和市场竞争力的品牌形象，使产品从同质化市场中脱颖而出。

① 独特性与辨识度：建立品牌视觉符号　差异化设计的核心是塑造独特性，它让产品在市场中成为品牌的标志性符号，使消费者能够一眼识别。

a. 色彩策略。通过品牌专属色彩或高对比度的色彩搭配，让产品在视觉上更具冲击力，提高识别度。

b. 造型设计。独特的几何形态、流线设计或标志性结构，使产品更具个性，同时传递品牌理念。

c. 标志性元素。产品上的特定符号、灯光效果、质感处理（如高光烤漆、纹理喷涂、拉丝金属等）都可以成为品牌独特的视觉语言。

这种设计策略不仅能让产品从众多竞品中脱颖而出，还能强化消费者的品牌记忆点，使品牌形象更具深度。例如，马扎克（Mazak）以其极具现代感的黑白橙色调、高度集成的智能化控制面板以及简洁流畅的机身线条，打造了高端、精密的品牌形象；德宝（Koenig & Bauer）则通过大面积蓝色与银灰色的组合、模块化的机身结构和极具识别度的品牌标识，在高端印刷设备领域树立了稳重而富有科技感的视觉符号。

② 用户体验与品牌价值的融合　差异化设计不仅是视觉上的创新，更需要在功能性与用户体验上体现品牌价值。通过合理的人机工程学设计，使产品更符合用户的操作习惯，提升舒适度与易用性。

a. 人机工程学优化。设备的操作界面角度、触摸屏布局、按键反馈等，都需要围绕用户的自然使用方式进行优化，减少学习成本，提高使用效率。

b. 直观的交互体验。例如，通过智能 LED 灯光提示、语音交互或智能界面优化，使用户可以更轻松地理解设备状态和功能。

c. 情境适应性。考虑不同使用环境的需求，提供符合行业特性的设计，如医疗设备的无菌易清洁设计、工业设备的坚固耐用外壳等。

这种以用户为中心的设计思路，不仅提升了产品的实用价值，也让品牌在用户心中形成"专业且贴心"的形象，使品牌价值更具温度。

③ 情感连接与品牌忠诚度　差异化设计能够通过产品外观和体验，增强用户与品牌之间的情感联系。相比于单纯功能导向的产品，具有故事性、文化共鸣或独特视觉表达的设计，更容易让用户产生情感上的共鸣。

a. 品牌故事化设计。通过外观元素融入品牌文化或理念，使用户在使用产品的同时，感受到品牌的价值观。

b. 定制化体验。允许用户在一定范围内进行个性化选择，如颜色、材质、光效等，增强用户对产品的归属感。

c. 长期的视觉一致性。保持品牌设计风格的持续性，让用户在长期使用过程中形成深厚的品牌依赖感，从而提升忠诚度。

情感共鸣不仅能提高用户的忠诚度，还能促使品牌成为用户社交的一部分，形成口碑效应，进而带动市场影响力的提升。

④ 总结　在品牌塑造中，差异化设计不仅是让产品变得"与众不同"，更是品牌战略的重要组成部分。从视觉识别到用户体验，再到情感连接，差异化设计能有效提升品牌的竞争力，使品牌更具吸引力和市场价值。同时，只有在创新与务实的动态平衡中，差异化设计才能真正落地，既满足市场需求，又确保产品的可行性和持续竞争力。在竞争日益激烈的市场中，这种设计思维将成为企业构建长期品牌资产的关键驱动力。

（2）案例分析：差异化设计如何提升品牌形象

① 背景　某机械设备制造企业计划推出一款全新的聚氨酯弹性体浇注机，希望通过创新的设计语言和差异化的外观，在同类竞品的市场中树立独特的品牌形象。目标市场定位于中高端制造业，强调现代感、智能化和品牌辨识度，以抢占行业领先地位。

从市场中的竞品来看，大部分现有设备采用传统的拼装式结构，以方正的箱体造型为主，整体设计较为保守，缺乏明显的品牌识别度。设计团队在深入分析市场趋势和竞品特征后，向企业提出了差异化设计策略，建议通过外观创新、功能优化和材料升级，打造一款具备高端感和品牌辨识度的产品，使之从行业竞争中脱颖而出，如图 5-12 所示。

图 5-12　主流聚氨酯弹性体浇注机设备造型

② 差异化设计策略

a. 造型语言革新：家族化一体式设计。采用一体式外观设计，通过块面分割与几何形态结合，构建具有秩序感与科技感的整体视觉形象。相较于传统的直板箱体，新设计在造型语言上强调大块面构成与斜切面处理，使设备的各个功能区域在视觉上既独立清晰，又保持整体感。

• 斜向折面设计：设备前端喷头部分采用斜切面＋块面分割，相比传统的裸露式喷头与电机布局，优化了结构包覆性，使关键部件得到更好的保护，不仅提升了现代感，也使设备更具高端属性，强化了品牌辨识度，如图 5-13 所示。

• 集成式布局：将控制面板、喷射系统、主机等模块进行优化布局，使设备结构更加紧凑，提高空间利用率，减少视觉上的冗余感。

b. 视觉识别系统：品牌化色彩与细节。与传统设备采用随机配色、复杂标识不同，新设备引入统一的品牌识别色，增强了产品的整体感和品牌一致性。

• 主体色：白色＋深灰色，提升设备的专业感和高端属性。

• 品牌色：蓝色点缀，强化视觉记忆，增强品牌识别度。

• 灯带＋数字化图案：设备面板采用蓝色灯带及渐变数字网格图案，增加智能科技感，使产品在视觉上更加未来化。

此外，新设备采用了更加精细的标志嵌入方式，与设备主体设计融为一体，而不是采用简单贴标或印刷方法，让品牌呈现得更高端，如图 5-14 所示。

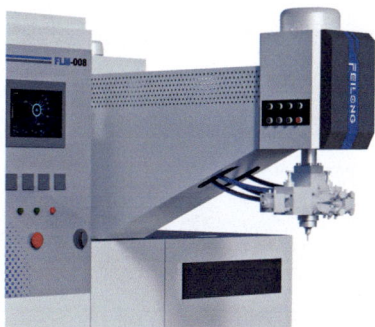

图 5-13　全新包覆式喷射系统外观设计　　图 5-14　新款聚氨酯弹性体浇注机设计效果

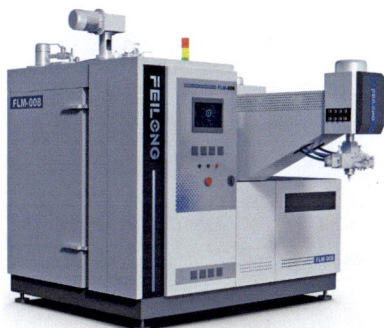

c. 交互与智能优化：提升用户体验。新设备在用户交互方面进行了优化，特别是在操作界面和信息可视化方面进行了升级。

• 高清智能触控屏：相比市场中的竞品的按钮式操作，新设计采用了高清触摸屏＋物理按键的交互模式，提高了操作便捷性。

• 信息可视化：界面显示更加直观，包含实时数据、设备状态、故障提醒等信息，使操作更加高效，减少误操作。

d. 结构与工艺优化：提升品质感。相比于市场上的已有设备，新设备在工艺与材料选择方面进行了优化，强化了高端属性。

• 全封闭式机身：相比传统开放式或半封闭结构，新设备采用全封闭罩壳，既能提高安全性，又能防止灰尘污染，提高了设备的耐用性。

• 通风与散热优化：喷头部分增加网孔散热区域，提高散热效率，同时不影响设备美观。

• 模块化维护设计：部分面板采用可拆卸式结构，便于维护和清理，降低了使用成本，如图 5-15 所示。

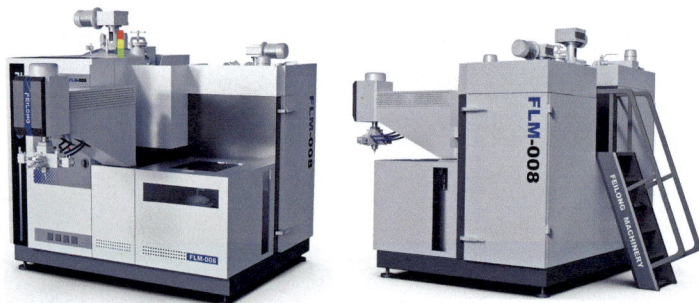

图 5-15　优化后新设备结构与工艺设计方案

③ 市场反响　新款聚氨酯弹性体浇注机推出后（图 5-16），在市场上迅速获得关注，特别是在中高端制造领域，企业客户对其现代化的造型设计和智能交互系统给予了高度评价。

• 展会吸引力：新设备在国内展会上亮相后，因其高端一体化造型、智能化交互界面、品牌化设计，成为行业焦点。

• 销售增长：相比老款产品，新设备上市后的市场询单率提升 30%，有效提升了品牌的市场认可度。

• 用户口碑：例如"产品的智能化程度高，操作界面清晰直观，整体设计感强，完全符合我们对高端设备的需求。"

图 5-16　新款聚氨酯弹性体浇注机实物

④ 经验总结　本案例表明，差异化设计不仅是外观的创新，更是品牌塑造、功能优化和市场竞争力提升的综合策略。通过家族化造型、智能化交互、品牌视觉识别、材料工艺升级，企业成功打造了一款高端聚氨酯弹性体浇注机，并在市场中获得了良好反响。下面是核心经验总结。

a. 设计思维引导产品创新。设计团队通过市场调研、竞品分析和用户反馈，精准识别差异化机会，并通过创新造型＋智能交互＋优化结构，形成独特的产品竞争力。

b. 务实的制造与维护策略。创新不能脱离工程与制造现实，新设备在保持高端视觉语言的同时，通过标准化框架、可拆卸模块、优化散热系统等方式，确保了量产可行性、维护便利性和长期耐用性。

c. 视觉统一性强化品牌影响力。一体化设计、品牌化色彩与标识，让产品在市场中更具识别度，增强了品牌忠诚度，推动了企业由产品竞争向品牌竞争升级。

本案例的成功，正是创新与务实相结合的体现。设计不仅是视觉的突破，更是产品价值的系统性提升。通过设计思维的应用，企业突破了行业同质化竞争，在高端市场建立了独特的品牌形象，同时为后续系列化产品的开发奠定了坚实基础。

5.3　共性与差异化的动态平衡

在机械产品外观设计中，共性与差异化并非对立，而是一种相互依存的动态平衡。共性决定了产品的稳定性、可靠性和可制造性，确保设备符合行业标准、用户习惯和生产要求；而差异化则决定了产品的市场竞争力和品牌识别度，通过个性化的设计满足特定用户需求，提升品牌价值。这一平衡的实现，正是务实与创新相结合的过程——在保证产品落地的同时，以设计思维驱动差异化创新，使机械设备既符合行业规范，又能从市场中脱颖而出。

5.3.1
共性与差异化的平衡是关键

（1）过度共性化的挑战
标准化的目的是通过统一化设计提升生产效率、降低成本、保证产品稳定性，但如果标准化过度，可能会导致以下问题。

① 产品同质化严重，市场竞争力下降　在竞争激烈的市场中，过于雷同的产

品设计难以在外观、功能和品牌形象上形成鲜明特色，导致产品市场竞争力削弱。例如，许多传统工业设备为了追求标准化和通用性，忽略了品牌差异化，使得市场中的产品在视觉识别和用户体验上趋于一致，消费者难以区分各品牌的独特优势，进而影响品牌认知度和市场吸引力，如图 5-17 ~ 图 5-19 所示。

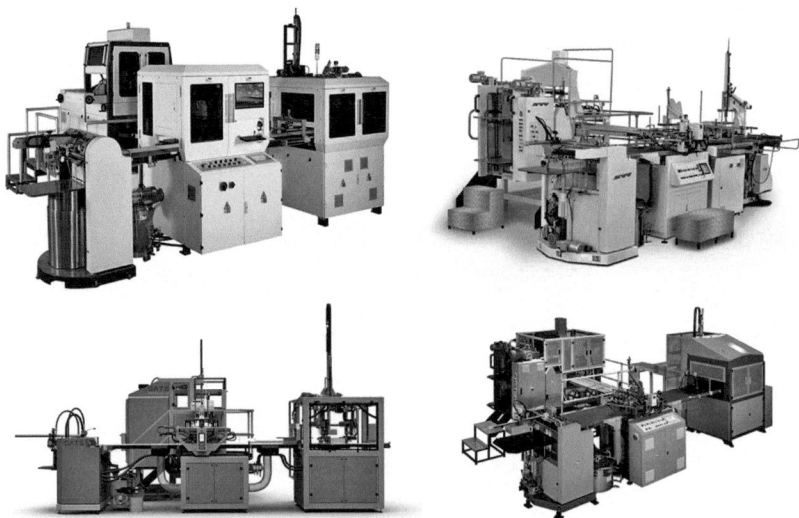

图 5-17　过于追求标准化的传统纸盒成型机早期造型特征

图 5-18　同质化严重的伺服烫金机

　　② 无法适应不同用户需求，市场定位模糊　不同市场的用户需求存在显著差异。高端市场用户更关注体验、品质和品牌形象，期望设备在材质、设计感和交互方式上体现高端价值。而大众市场用户则更看重性价比、易用性和维护成本，希望设备设计简洁，功能实用，避免过度复杂化。如果机械设备设计过于标准化，缺乏针对不同市场的差异化策略，可能会削弱企业在细分市场的竞争力，甚至导致用户流失。

例如，某企业推出两款设备，一款面向高端市场，另一款面向大众市场，尽管它们的造型设计出色，但由于市场定位不清晰，可能会让高端用户觉得产品不够"高级"，而大众用户则认为其"性价比不高"，最终难以在各自市场建立优势。因此，在产品规划时，需要精准定义市场层级，确保不同定位的产品在设计、材质、功能等方面形成明确的区分，从而提升市场竞争力，如图 5-20 所示。

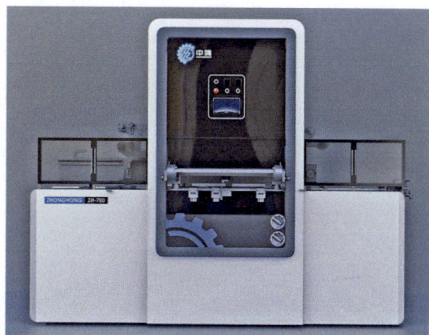

图 5-19　差异化设计的伺服
烫金机设计案例

③ 品牌辨识度下降，难以形成市场认知　如果产品外观过于标准化，品牌的独特性和识别度将被削弱，用户在市场中难以迅速识别和记住该品牌。例如，部分国内机械品牌在早期为了降低生产成本，大量采用通用模具，导致产品缺乏鲜明的视觉特征，在竞争中难以形成品牌认知。这种缺乏辨识度的设计不仅削弱了市场影响力，也使其在面对欧美高端品牌时，难以建立差异化优势，影响长期竞争力，如图 5-21、图 5-22 所示。

图 5-20　定位模糊的两款覆膜机设备

（2）过度差异化的挑战

差异化设计能够增强品牌竞争力，提高用户体验，但如果过度追求个性化，也可能带来以下问题。

图 5-21　过度共性化的系列覆膜机设备

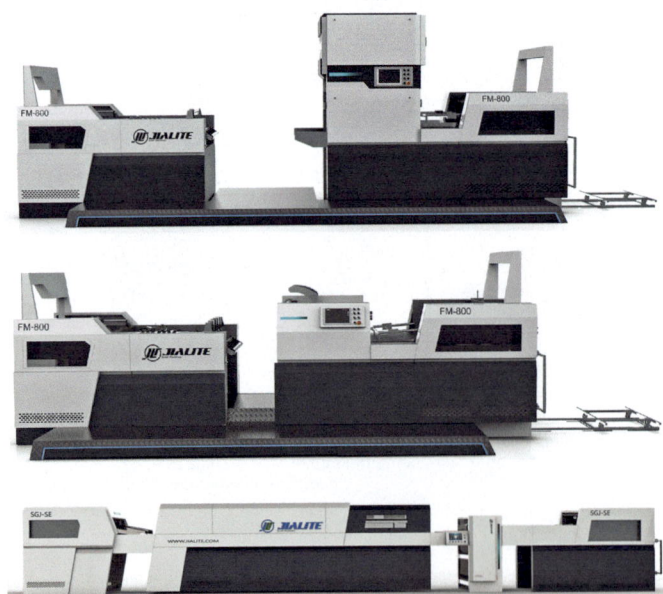

图 5-22　差异化设计后的系列覆膜机设备

① 制造成本上升，生产效率降低　在机械产品设计中，如果每款设备都采用完全不同的外观结构和功能模块，意味着供应链、模具开发、生产线调整等环节的复杂度增加，导致制造成本大幅上升。例如，一家自动化设备公司在进入多个细分市场时，为了迎合不同用户的需求，每款产品都采用完全不同的设计，结果导致生产线需要频繁调整，供应链成本大幅增加，最终影响企业盈利能力。

② 用户体验割裂，学习成本增加　如果产品在不同版本或代际之间缺乏统一的操作逻辑、控制面板布局和人机交互方式，可能会让用户适应困难。例如，某些工业设备在升级换代时，如果交互界面发生较大变化，可能导致老用户需要重新学习操作，提高了使用门槛，影响了工作效率。

③ 维护和售后复杂化，影响长期运营　过度定制化的设计可能导致零部件通用性降低，设备的维修和更换成本增加。标准化设计的设备可以使用通用零件，使维护更加简单。过度个性化的设计可能导致每款设备的配件都需要单独定制，增加库存和供应链管理的难度。另外，维修工程师需要掌握更多不同机型的维修方法，增加企业的售后服务成本。

解决方案：在标准化与差异化之间找到平衡。

机械产品设计既要考虑共性（标准化）来确保制造效率和可靠性，又要关注差异化（个性化）以增强市场竞争力。解决方案如下。

① 核心功能保持标准化，外观设计适度个性化　机械设备的内部结构、操作逻辑和关键部件可以保持一致，以降低制造和维护成本。同时，通过色彩搭配、灯光设计、材质选择和品牌标识等方式进行适度差异化，增强品牌识别度，使产品在视觉上更具辨识性。此外，在不影响核心功能的前提下，可针对不同市场需求进行局部优化或个性化调整，确保产品既能满足差异化市场，又能维持生产效率和成本，如图 5-23 所示。

② 产品系列化，统一品牌形象　采用家族化设计语言，如相同的机身线条、标志位置、色彩搭配、视觉语言、操作界面风格等，使产品系列具有视觉统一性。针对不同市场，提供功能升级或个性化定制选项，而不改变整体外观和交互方式。这样不仅能增强品牌识别度，还能够在保证用户熟悉度的同时，满足不同市场的差异化需求，如图 5-24 所示。

③ 用户体验优化，减少学习成本　在进行差异化设计时，应确保设备的交互方式和核心操作逻辑保持一致，避免剧烈变化，以减少用户的适应成本。同时，通过优化界面布局、提升操作直观性，让用户在不同产品系列间能够快速上手，降低

培训门槛。此外，合理运用色彩、图标和信息引导，增强视觉识别度，使操作更加直观、流畅，从而进一步提升整体用户体验。升级时，保留了传统物理按键，同时增加了触摸屏选项，让不同操作习惯的用户都能轻松上手。

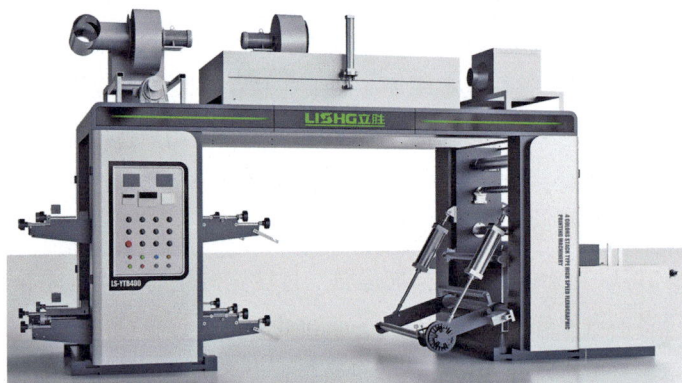

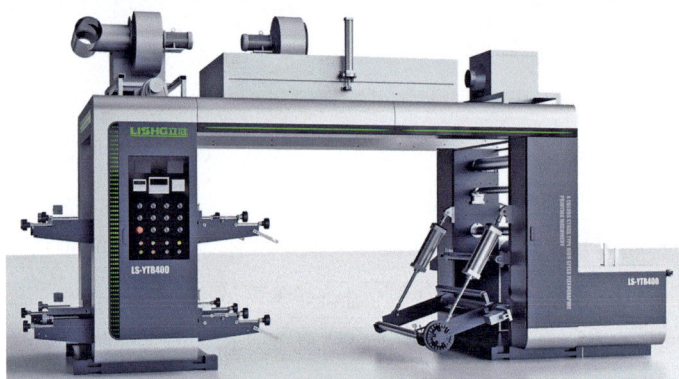

图 5-23　两款不同定位的四色高速叠柔板印刷机

图 5-24　无纺布设备系列化产品设计案例

5.3.2
机械产品中的"务实"与"创新"

（1）机械产品的"务实"：稳定性、可制造性、易维护性

机械设备的关键价值在于长期稳定运行、降低生产成本、确保安全合规，以及便捷的维护与修理。如果产品缺乏稳定性和可制造性，再多的创新也难以支撑其市场竞争力。因此，机械产品的务实性主要体现在以下几个方面。

① 遵循行业标准，确保产品合规性　机械产品必须符合行业和国家的相关安全法规，确保其在市场中的适用性。常见的标准有 CE（欧盟）、UL（美国）、ISO（国际标准化组织）、GMP 要求和 FDA 标准等。

② 采用标准化、模块化设计，提高制造效率　标准化和模块化设计可以减少生产和维护成本，提高制造一致性，缩短生产周期。常见策略如下。

a. 标准化组件。采用通用零部件，提高生产兼容性，减少备件库存压力，如图 5-25 所示。

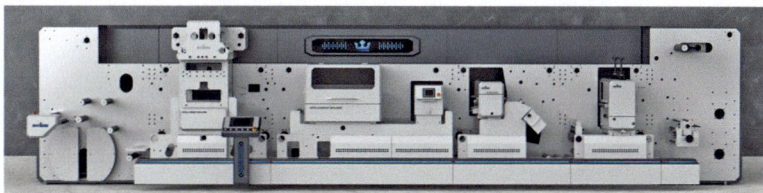

图 5-25　采用标准化和模块化设计的组合式数码印后设备

b. 模块化设计。将产品拆分为可独立更换的模块，提升升级和维护的便捷性，如图 5-26 所示。

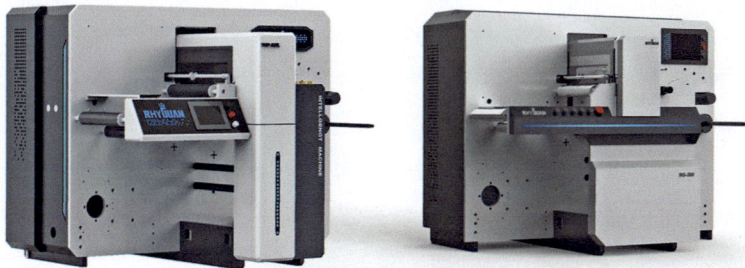

图 5-26　模块化机组设计

c. 快速装配结构。减少紧固件数量,提高设备安装和维护效率。

③ 提高产品的稳定性与可靠性 机械设备的核心目标是长期稳定运行,因此在设计时需重点关注。

a. 材料耐用性。选用耐磨、抗腐蚀材料,提高产品的使用寿命。

b. 结构优化。减少振动和噪声,提高机械运行的平稳性。

c. 温控和散热系统。优化电机和电子元件的散热结构,提升设备的高温稳定性。

④ 提高易维护性,降低运维成本 机械设备的维护性直接影响客户的使用体验和企业的售后服务成本。设计优化策略如下。

a. 快拆式设计。可快速更换损耗件,如滤网、滚轴、刀片等。

b. 自诊断系统。集成智能传感器,实时监测设备状态,提示用户进行维护。

c. 减少易损件。优化结构设计,降低易损件数量,减轻用户维护负担。

(2)机械产品的"创新":提升用户体验和品牌价值

机械产品的创新不仅是技术上的突破,还需要在用户体验、外观设计和品牌认知度等方面不断优化,使产品在市场中更具吸引力。创新不仅意味着提高性能和效率,还包括优化操作便捷性、降低使用门槛,并增强产品与用户的交互体验。

① 通过外观设计实现品牌差异化 在确保产品务实性的前提下,可通过造型设计、配色策略和灯光效果等方式,增强品牌识别度。

a. 流畅的机身线条能够减少工业设备的生硬感,提升视觉美感,使其更符合现代工业设计的趋势。

b. 品牌专属配色,如特定的色彩搭配和标识元素,可以强化产品系列的一致性,增强市场辨识度。

c. LED灯光指示可通过不同颜色提示设备状态,提升操作直观性,同时增强设备的智能感与科技感,使机械产品在保证功能性的同时,更具品牌特色。

案例:某自动化胶合机的外观升级。

原自动化胶合机采用传统工业设计,整体方正,以白色和深色金属框架为主,偏向功能导向,缺乏品牌特征和视觉冲击力。大面积金属网罩虽保证安全性和散热效果,但设计感和品牌辨识度较弱。

优化后的设备采用现代化工业设计,对方正结构进行优化,使造型更流畅。通过精细的表面处理和层次感设计,提升整体视觉品质。金属机身与玻璃材质结合,搭配简洁线条,使设备更具高端感和品牌识别度。

此外,品牌色彩在新设计中发挥了关键作用,机身采用银灰色作为主色,辅以品牌专属的橙色视觉元素，增强科技感和市场辨识度。同时，LED 灯光指示系统通过颜色变化提示设备状态，提升操作直观性与智能感。这一优化遵循设计思维，以用户体验为核心，在提升品牌识别度的同时，确保了功能性与视觉体验的高度融合，如图 5-27、图 5-28 所示。

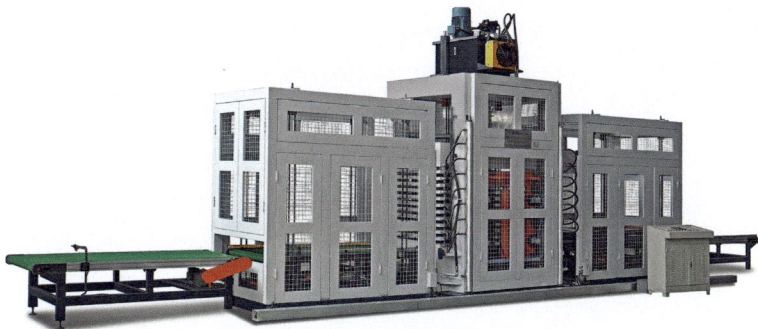

图 5-27　自动化胶合机原设备

图 5-28　自动化胶合机设计案例

② 优化交互方式，提高用户体验　机械设备的操作界面是用户接触最多的部分，因此在设计时需要注意以下事项。

a. 智能触摸屏。代替传统按钮，提高操作直观性。

b. 自适应交互。根据用户习惯调整操作界面布局，提高操作便捷性。

c. 语音或远程控制。在智能设备中加入语音指令或远程管理功能，提升智能化体验。

③ 品牌家族化设计，提升市场认知度　家族化设计可以增强品牌的市场影响力，使用户在不同产品线上能快速识别品牌。

a. 统一的设计语言，如机身线条、配色、标志位置。

b. 跨产品系列的一致性，无论是高端还是入门级产品，都保持相同的品牌视觉元素。

（3）务实与创新并非对立，而是机械产品设计中的互补策略

务实意味着确保设备的可靠性、制造效率和用户使用便利性，让产品在工业环境中稳定运行，降低维护成本，并符合行业标准。而创新，则是提升用户体验、增强品牌竞争力，使产品更具市场吸引力的关键驱动力。

在实际设计过程中，单纯追求务实，可能让产品缺乏特色，难以在市场上脱颖而出；而过度创新，则可能忽略制造成本和可行性，影响产品落地。因此，真正优秀的机械产品设计，不是务实与创新的对立，而是在两者之间找到最优融合点。

5.3.3 设计中的共性与差异化平衡

结合设计团队与企业的合作经验，以下将从行业标准化与品牌特色、统一视觉识别与针对性市场适配、结构标准化与用户体验优化三个维度展开探讨。

（1）行业标准化和企业品牌特色

行业标准化是机械产品必须遵循的基本规范，包括安全法规、操作逻辑和制造工艺，确保设备在不同环境下具备稳定的可靠性。

① 共性部分：标准化设计的必要性　机械设备的功能、结构和操作逻辑需保持一致，以确保安全性、合规性，并提升用户体验。统一操作方式降低了学习成本，提高了跨设备操作效率。同时，标准化组件优化制造效率，降低成本，并提升维护便捷性，增强零部件通用性。

② 差异化部分：品牌特色的塑造　在标准化框架内，设计师可通过视觉、材质和交互方式创新，强化品牌识别度。流畅线条赋予设备更高端的质感与科技感，品牌专属配色提升市场辨识度，多样化材质优化视觉体验与触感，在确保标准化的同时，塑造独特的产品形象。

（2）统一视觉识别和针对性市场适配

机械产品的外观设计既要考虑品牌的一致性，确保产品在市场上能够被快速识别，又要适应不同市场需求，满足不同国家、行业、用户的特定要求。

① 统一视觉识别：品牌家族化设计的意义　品牌家族化设计指的是在不同产品系列中保持一致的设计语言，确保产品在市场上的辨识度和品牌忠诚度。

a. 色彩统一：如某品牌的所有设备均采用黑＋银＋蓝的色彩搭配，强化品牌一致性。

b. 标志和标志性元素固定：例如，机身上的标志、几何元素或特定设计细节保持一致，增强品牌识别度。

c. 造型语言一致：无论是高端型号还是入门款式，都保持类似的外观风格，确保品牌连贯性。

② 针对性市场适配：不同市场的差异化设计　不同市场有不同的用户需求，因此在保持品牌一致性的同时，也需要做出适应性调整。

高端市场：更注重产品的视觉美感和科技感，可能采用更高端材质、智能交互和流畅外观。

经济型市场：更关注成本和实用性，可能采用更紧凑的结构、更低成本的材料，并减少非必要装饰。

（3）结构标准化和用户体验优化

在机械设备设计中，标准化结构能够提高制造效率和产品可靠性，但为了提升用户体验，还需要在交互方式、操作便捷性、人机工程学等方面进行优化。

① 共性部分：标准化零部件与核心功能

a. 采用标准化零部件。降低生产成本，提高备件通用性。

b. 统一操作逻辑。减少用户学习成本，提高跨设备兼容性。

c. 优化产品结构。确保设备稳定性，提高制造一致性。

② 差异化部分：提升用户体验

a. 操作台优化。调整角度，提高人机工程学舒适度。

b. 智能交互界面。增加触摸屏、语音控制、智能指示灯等，提高用户操作便捷性。

c. 可调节设计。如可调节支架、可移动控制面板，以适应不同工作场景。

（4）平衡共性与差异化，实现卓越设计

在未来的机械产品设计中，如何兼顾功能性与品牌塑造、提升用户体验与优化制造成本，将成为设计师和企业不断探索的课题。通过深入理解市场需求、运用家族化设计语言、优化交互体验，可以在共性与差异化之间找到突破点，打造既符合行业标准、又具有品牌价值的机械产品。

机械产品设计不仅是对功能的实现，更是对市场竞争力、用户体验和品牌塑造的综合考量。本书围绕"务实创新"这一核心主题，探讨了机械产品外观设计的多个关键方面，并提供了策略方法与实践案例，帮助设计师在行业标准化与市场个

性化之间找到最佳的平衡点。

在本书的最后部分，我们将回顾机械产品设计的核心逻辑，并展望行业未来趋势，帮助设计师、企业管理者和相关从业者更好地在实际项目中运用本书的理念和方法。

（1）机械产品设计的核心逻辑回顾

本书从多个角度探讨了机械产品设计的关键点，帮助设计师在务实与创新的平衡中做出最优决策。

① 设计思维与创新实践：如何在机械产品设计中运用创新思维？（第1章）

② 专业性与系列化设计：如何通过标准化与系列化提升产品竞争力？（第2章）

③ 企业文化与品牌塑造：机械产品如何通过外观设计传递品牌价值？（第3章）

④ 安全性设计：如何在满足安全标准的前提下进行外观优化？（第4章）

⑤ 共性与差异化的平衡：如何在行业标准化与市场个性化之间找到最佳结合点？（第5章）

最终，机械产品设计的目标，是在"务实和创新"的动态平衡中，找到最优的市场竞争策略，使产品既符合行业标准，又能塑造品牌价值。

（2）机械产品设计的未来趋势展望

机械产品的外观设计正处于行业变革之中，未来的设计趋势将围绕智能化、环保化和品牌化展开。下面几大趋势将影响未来机械产品设计的发展方向。

① 智能化与数字化设计

a. 智能交互可视化。未来机械产品将通过大尺寸触摸屏、简洁界面和集成交互设计，提升操作直观性和便捷性。

b. 数据可视化表达。设备将融合LED指示灯、电子墨水屏等智能反馈系统，使运行状态、故障提示和工作进度一目了然，提高操作效率。

c. 智能化形态设计。随着远程监控与AI调节的发展，机械设备将减少实体按钮，强化屏幕+触控+语音交互，呈现更现代、更科技感的外观。

d. 人机工程与未来感。优化屏幕角度、交互布局和结构设计，让设备更紧凑高效，符合人机工程学，提升操作体验和视觉现代感。

② 绿色设计与可持续制造

a. 机械产品的设计将越来越多地采用低能耗、环保材料、可持续制造工艺，以满足全球环保法规的要求。

b. 模块化、可回收材料的应用，将降低产品生命周期内的环境影响，同时提高可维护性，减少设备报废率。

③品牌家族化与设计标准化

a. 企业将更加注重产品系列的一致性，通过统一的造型语言、品牌色彩、标志性元素，提升市场辨识度。

b. 机械设备的家族化设计，不仅能够提高品牌忠诚度，还能优化生产效率，使产品系列更具规模化效应。

（3）机械设计师的挑战与思考方向

面对行业升级与市场变化，机械产品的工业设计师需要不断思考和拓展自身能力，以适应未来的设计需求。

① 如何提升跨学科能力　机械设计不仅涉及外观造型，还需融合智能控制、材料工程、人机交互、市场营销等多领域知识。未来，设计师需要更加关注数字化工具的运用，如 VR/AR 辅助设计、AI 建模、智能仿真优化，提升设计精准度和效率。

② 如何平衡功能性与市场差异化　设计不仅要符合行业标准，更要满足市场需求。如何优化操作便捷性、提升品牌独特性、增强产品竞争力，成为机械产品差异化设计的重要方向。

③ 如何在设计中兼顾务实与创新　设计师需在生产成本、制造工艺、维护便利性等现实因素，与美学创新、用户体验优化之间找到平衡，使产品既符合工业应用需求，又具备市场吸引力。

机械产品设计师不仅是"外观塑造者"，更是"产品体验优化者"和"品牌价值构建者"，在智能化与全球化的趋势下推动行业创新与发展。

（4）机械产品设计的未来，不只是制造，更是设计赋能产业升级

机械产品的外观设计不仅是功能的承载者，更是产品价值和市场竞争力的决定因素。在激烈的市场环境下，机械设备的设计已从工程驱动走向用户驱动，不仅要满足技术标准，更要融合用户体验、品牌塑造和市场策略，赋予产品更高的附加值。

标准化提升制造效率、降低成本，并确保产品在不同环境下的稳定性和可靠性，是工业生产的基础。差异化则塑造品牌特色，使产品在同质化市场中脱颖而出，增强用户的购买意愿和品牌忠诚度。设计师的挑战在于如何在两者之间找到最佳融合点，既符合行业标准，又能展现市场独特性。

真正成功的机械产品设计，不是单纯地遵循行业规范，而是在务实与创新的动态融合中找到突破口。它既要确保产品的可靠性与可制造性，又要赋予品牌识别度和商业价值，让设备从"可用"升级到"更好用、更具吸引力"。

　　未来，机械产品的竞争不再只是制造实力的较量，而是设计赋能产业升级的竞争。优秀的设计不仅提升了产品体验，也成为品牌影响力的关键。让机械产品因创新而更具价值，让设计成为推动行业进步的新引擎！

后记：设计的力量

设计是一种独特的语言，它跨越了工具与情感的边界，将技术转化为用户可以感知、体验和信任的具体形式。

过去几年，我们与众多企业携手，深入机械产品的设计与开发。从构思到落地，每一次实践都是对创新与务实平衡的探索，每一个成功的设计，都是市场需求与创造力的交汇点。

机械产品设计的核心价值不仅在于满足功能需求，更在于通过设计赋予产品以文化内涵和品牌辨识度。从各种造型的外观到精心设计的交互界面，从智能化的操作系统到模块化的结构布局，我们见证了设计如何让产品焕发新的活力，让品牌在竞争中脱颖而出。

本书围绕机械产品设计的务实与创新展开，深入探讨了从设计思维、专业化、系列化、品牌文化、安全性到共性与差异化的多维度方法论。我们不仅希望分享外观设计的实践经验，更希望传递设计背后的理念与思考。设计师的使命，不仅是解决问题，更是赋予产品价值，让每一次创新都能落地生根，为用户带来更高品质的体验。

在机械产品设计领域，创新与务实并不是矛盾的两极，而是一种相辅相成的关系。创新推动设计不断前行，而务实确保创意能够转化为市场认可的产品。我希望通过这本书的内容，帮助更多的设计师、企业决策者和设计爱好者找到属于自己的设计平衡点，从而推动整个行业迈向新的高度。

最后，感谢每一位投身机械产品设计、开发与制造的同行者，是你们的智慧和努力，让机械产品不再是冰冷的技术堆砌，而成为富有温度、意义和影响力的创新事业。愿本书能够成为大家在设计道路上的一盏明灯，为实现更优质、更具竞争力的机械产品设计提供灵感和方向。

愿我们共同推动机械产品设计领域的进步，让设计更好地服务于工业发展，服务于人类社会！

参考文献

[1] 王可越，税琳琳，姜浩. 设计思维创新导引 [M]. 北京：清华大学出版社，2017.

[2] 鲁百年. 创新设计思维——设计思维方法论以及实践手册 [M]. 北京：清华大学出版社，2015.

[3] 赵松年. 现代设计方法 [M]. 北京：机械工业出版社，2021.

[4] 冯林，等. 创造性思维与创新方法 [M]. 北京：高等教育出版社，2016.

[5] Karl T. Ulrich，Steven D. Eppinger，Maria C. Yang. 产品设计与开发 [M]. 杨青，等译. 北京：机械工业出版社，2018.

[6] Eric Karjaluoto. 设计的方法 [M]. 张霄军，褚天霞，译. 北京：人民邮电出版社，2016.